乐高
机械结构设计

程罡◎编著

清华大学出版社
北京

内 容 简 介

本书详细讲解了 6 大类 100 多款乐高机械结构作品，包括齿轮机构、连杆机构、传动机构、机械手、变速箱和综合装配等几种类别。一书在手，可以基本掌握常用的机械结构设计方法。本书尝试在乐高科技零件和机械结构设计之间建立一座桥梁，为机械原理的物化表现提供一套解决方案。想学习、加强结构设计的乐高爱好者和机械专业的学生都可一读。本书采用互联网＋设计理念，读者随时可以通过手机扫码获得在线技术支持，使阅读、使用本书不再有任何障碍和困难。

本书的目标读者是乐高机器人、机械结构爱好者、高校机械类专业学生、机械设计从业人士。跟随本书中的案例进行搭建、设计，可以让读者在充满趣味的过程中掌握很多机械结构设计知识。

图书在版编目(CIP)数据

乐高机械结构设计 / 程罡编著 . —北京：清华大学出版社，2021.6（2024.6 重印）
ISBN 978-7-302-58398-1

Ⅰ . ①乐…　Ⅱ . ①程…　Ⅲ . ①机械设计－结构设计　Ⅳ . ① TH122

中国版本图书馆 CIP 数据核字 (2021) 第 116662 号

责任编辑：魏　莹
封面设计：李　坤
责任校对：李玉茹
责任印制：沈　露

出版发行：清华大学出版社
　　　　　网　　　址：https://www.tup.com.cn, https://www.wqxuetang.com
　　　　　地　　　址：北京清华大学学研大厦 A 座　　　　　邮　　编：100084
　　　　　社 总 机：010-83470000　　　　　　　　　　　邮　　购：010-62786544
　　　　　投稿与读者服务：010-62776969，c-service@tup.tsinghua.edu.cn
　　　　　质 量 反 馈：010-62772015，zhiliang@tup.tsinghua.edu.cn
印 装 者：三河市龙大印装有限公司
经　　销：全国新华书店
开　　本：185mm×230mm　　　印　　张：14.75　　　字　　数：355 千字
版　　次：2021 年 6 月第 1 版　　　印　　次：2024 年 6 月第 5 次印刷
定　　价：89.00 元

产品编号：085998-01

前言

本书是"乐高创意书系"的第四本，前三本分别是《乐高简单机械创意设计》《乐高炫酷机器创意设计》和《乐高仿生机器人设计》，本书关注的题材是机械结构设计。

由于笔者是机械专业出身，从接触乐高科技作品的设计开始，就一直在关注和研究乐高对于机械结构的表现，以及结构可行性分析方面的应用。经过数年的学习和实践，获得了一些心得体会，将这些心得加以系统整理就形成了本书。

乐高之于机械结构设计，可以说是一种极好的物质载体。据笔者观察和调研，高校中的机械原理和结构设计类课程，往往存在理论性较强而物化表现不够的情况。机械最主要的一个特点是"看得见、摸得着"，如果不能把理论上的东西物化表现出来，理论知识往往很难被真正理解。有的学校也尝试了物化表现，但是由于器材的限制，效果往往不如人意。机械结构对零件尺寸精度、公差和装配等要求较高，尺寸稍有误差或者摩擦力稍有偏差都会造成机器运行故障。

而乐高科技零件恰好可以解决这个"痛点"。乐高科技零件具有很高的尺寸精度和形位公差，所有零件的设计采用相同的模数和统一的尺寸，具有极高的互换性和通用性。而且乐高科技零件经过多年的研发，种类十分丰富。用这些零件进行组合，几乎可以表现任何类型的机械机构，它为机械原理的物化表现提供了物质基础。

乐高科技零件的组合不用胶水、铆钉、螺丝或焊接，不需要借助任何工具，只需要手工拼插即可，学生在教室或实验室里就可以亲手做出一台可以运行的机器。国内外很多高手、大神和爱好者已经用乐高零件创作了无数令人惊叹的科技作品。

本书试图在乐高科技零件和机械结构设计之间建立一座桥梁，让更多的乐高爱好者了解机械机构，为学习或从事机械设计的人士提供一种物化的表现方法。

本书分门别类地介绍了上百个乐高结构设计案例，共分为 7 个章节，从乐高零件到结构设计基本理论，再到最常见的机械结构，如齿轮类机构、连杆类机构、机械手、变速箱等都有涉及。最后，还安排了一个综合装配的章节，将前几章的知识做了综合运用，讲解了一些较为复杂的机械作品，体现乐高结构设计的能力和魅力。

机械结构是一个极为复杂的知识体系，古今中外各种巧妙的设计方案灿若星河、不胜枚举。本书中的百余个案例只能算是沧海一粟、挂一漏万，权做抛砖引玉。

本书在表现形式上采用互联网＋模式，每款作品最后都附有两个二维码，读者通过手机扫码即可观看每款作品的成品视频演示和搭建图纸。

本书在创作过程中，尽量秉持原创精神，但是也不可避免地参考了国内外高手、大神的创意，由于条件所限无法一一告知，在此一并致歉并表示衷心感谢！

限于笔者的水平，本书不足之处在所难免，欢迎广大读者不吝赐教，多多批评指正，笔者不胜感激。

编　者

目录|CONTENTS

第1章

乐高机械结构设计概述

乐高已经有将近百年的历史，早期主要用于制造砖块类的零件。从 20 世纪 70 年代开始，乐高开始设计和制造科技类零件，迄今已有四十多年。

四十多年来乐高研发出了种类众多的科技类零件，从科技砖到科技梁，从齿轮到交叉块，总共有数百种之多。

乐高科技零件虽然是塑料质地，但是其制造精度和品质极高，不亚于金属零件。成千上万个零件组装成的机器依然可以灵活运转，毫无滞涩之感，堪称玩具界中的奇迹！无怪乎乐高在全世界拥有如此之多的粉丝，不仅孩子们爱玩，很多成人玩家也乐此不疲，爱不释手。如图 1-1 所示为乐高科技零件构建的机器鸟。

图 1-1

乐高科技零件模数统一、尺寸一致，可以极为方便地组装和拆解。用这些科技零件几乎可以组装成任何类型的机械结构，为研究、学习机械结构和机械的可行性分析提供了极为便利的条件。如图 1-2 所示为 2000 多个零件构建的乐高纺织机器人。

图 1-2

1.1　乐高中的科技零件

1.1.1　乐高中的梁

梁（英文 TECHNIC BEAM）是乐高中搭建结构的重要零件。乐高的梁具有较高的刚性，几乎任何结构的设计都离不开梁，梁的作用相当于钢结构中的各种型材。通过各种梁的连接可以形成稳固的框架结构，如图 1-3 所示为乐高梁搭建的电梯框架。

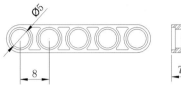

图 1-4（续）

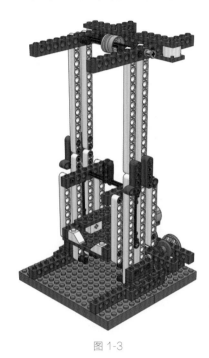

图 1-3

梁的外形

梁的典型外形是两端为半圆形的长方体，中间带有直径 5mm 的圆孔，圆孔的中心距为 8mm。梁的横截面为 7.8mm×7.4mm 的长方形。以 5 孔梁为例，具体尺寸如图 1-4 所示。

图 1-4

梁的分类

乐高中的梁按照形状可分为如下几种：

- 直梁；
- 角梁；
- 弯梁；
- 方框梁；
- T 形梁。

直梁共有八种，从 2 孔到 15 孔，除 2 孔之外，全部是单数。直梁有多种颜色可选，如图 1-5 所示。

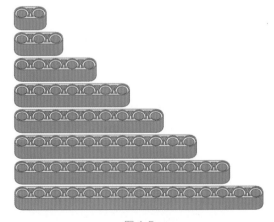

图 1-5

角梁（英文 TECHNIC ANG BEAM）

也称直角梁，是一种带有 90° 角的梁，形似曲尺。乐高中有两种直角梁，分别为 2×4 和 3×5 角梁，如图 1-6 所示。

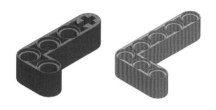

图 1-6

弯梁（英文 TECHNIC ANGULAR BEAM）是带有 127.5° 角的梁，图 1-7 所示为 4×6 弯梁的外形尺寸和角度。

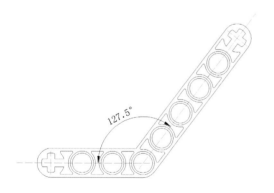

图 1-7

乐高共有四种弯梁，如图 1-8 所示，从左至右依次为 4×4、4×6、3×7 和 1×11.5 弯梁，其中最右侧的梁也被称为"双弯梁"或"大弯梁"，其折角为 135°。

图 1-8

方框梁（英文 BEAM FRAME）外形呈长方形的框，上面包含很多圆孔。方框梁有三种，分别是 5×7、5×11 和 7×11。方框梁通常为浅灰色，如图 1-9 所示。

图 1-9

T 形梁（英文 T-BEAM）的外形是一个大写的英文字母 T，有多种颜色可选，常见的是浅灰色，如图 1-10 所示。

图 1-10

1.1.2 乐高中的齿轮

在很多人的印象中，齿轮几乎就是机械

的代名词，可见齿轮在机械设计中具有举足轻重的作用。

乐高中的齿轮也是一个庞大的零件家族，历史上曾经出现过的乐高齿轮有五六十种之多，目前仍在生产的齿轮还有 20 多种。图 1-11 所示为部分乐高齿轮三维模型。

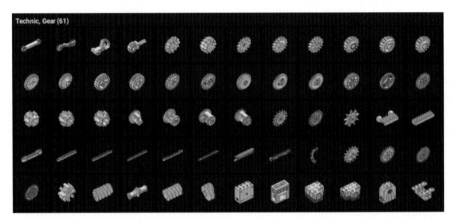

图 1-11

表 1-1 为乐高主要规格齿轮信息一览表。

表 1-1

齿 数	类 型	半 径	发布时间
8	直齿轮	0.5	1977
12	双面齿轮	0.75	1999
16	直齿轮	1	1979
20	双面齿轮	1.25	1999
24	直齿轮	1.5	1977
28	双面齿轮	1.75	2019
36	双面齿轮	2.25	2002
40	直齿轮	2.5	1977

齿轮的分类

齿轮的分类有多种方法，一般可以按照齿数来分，也可按照形状来分。

如果按齿数来分，乐高常用齿轮的齿数

从 1 齿蜗杆到 40 齿齿轮，共有 9 种齿数 16 个种类，如图 1-12 所示。

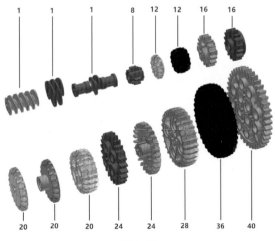

图 1-12

如果按形状分类，可分为直齿轮、双面齿轮、锥形齿轮、齿条、蜗杆等。

- 直齿轮的轮齿形状都是呈直线的，常见的是 8、16、24 和 40 齿齿轮。常见的颜色是深灰和浅灰色，如图 1-13 所示。

图 1-13

- 双面齿轮的轮齿形状是梯形的，常见的是 12、20、28 和 36 齿齿轮，如图 1-14 所示。

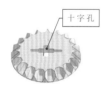

图 1-14

- 锥形齿轮的外形呈现一个锥形，常见的有 12、20 齿（十字孔）和 20 齿（圆孔）三个种类，如图 1-15 所示。

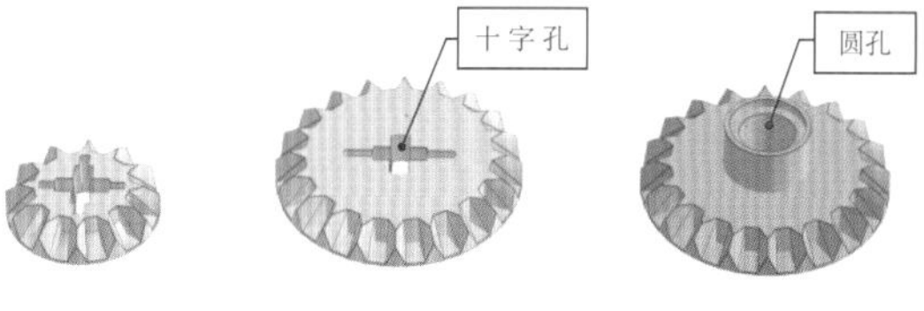

十字孔　　圆孔

图 1-15

- 齿条是呈直线的齿轮，相当于一个直径无限大的齿轮。按长度可分为 2、4、7、8、10、12 和 14 单位等几种规格，基本是浅灰色和黑色，如图 1-16 所示。

图 1-16

- 蜗杆是螺旋形的齿轮，相当于 1 个齿的齿轮。常见的蜗杆有 3 种，长度分别是 1、2 和 3 个乐高单位，常见的颜色是深灰和浅灰色，如图 1-17 所示。

图 1-17

特殊齿轮

除了上述类型的齿轮之外，还有以下几种特殊的齿轮。

● 离合器齿轮,其外形是一个24齿齿轮,主体是白色的,中心轴孔在扭矩达到一定程度的时候会打滑,用于保护马达或机械机构不受损坏,如图1-18所示。

图 1-18

● 冠状齿轮,其外形也是一个24齿齿轮,但是在径向有突出的尖角,可用于垂直轴之间的动力传输,常见的颜色是浅灰色,如图1-19所示。

图 1-19

● 差速器,这个零件是搭建各种车辆必不可少的,它可以使两侧车轮产生不同的转速。目前有两种差速器,如图1-20所示,左侧为新款,右侧为老款。常见的颜色是深灰色。

图 1-20

● 球形齿轮,这个零件严格来说不算是齿轮,但是却起到齿轮的作用,通常用于垂直轴之间的动力传输,其特点是非常结实耐用,常见的颜色为黑色或黄色,如图1-21所示。

图 1-21

● 转盘,乐高目前在产的转盘有三种,如图1-22所示,其中上方两款被称为"大转盘"。左侧的大转盘外圈带有56个齿,右侧的大转盘外圈带有60个齿。下方的转盘被称为"小转盘",外圈上带有28个齿。

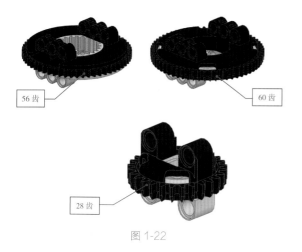

56齿

60齿

28齿

图 1-22

轴的特征是其横截面是十字形的，这样在与带有十字孔的零件连接时不会产生打滑现象，可以进行稳定的动力传输，如图 1-23 所示。

图 1-23

1.1.3　乐高中的轴和销

轴和销是乐高中重要的连接和传动零件，相当于机械结构中的螺丝钉、铆钉和转轴。乐高的轴、销类零件种类众多，使用极为广泛。

轴的分类

轴主要按纵向长度进行分类。乐高的轴从最短的 2 号轴到最长的 32 号轴，共有 13 个规格，如图 1-24 所示。

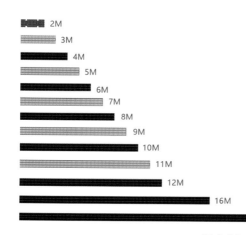

2M
3M
4M
5M
6M
7M
8M
9M
10M
11M
12M
16M
32M

图 1-24

从图 1-24 中可以看出，从 2 号到 12 号轴，每个单位都有一种规格。12 号以上只有 16 和 32 两种规格。

轴的颜色

早期的乐高轴只有偶数长度的，而且都是黑色的。后来随着科技类零件的出现，乐高逐渐开发出了奇数长度的轴。

特殊的轴

除了直线类型的轴，乐高还有一些特殊形状的轴。例如钉头轴，其一端带有一个类似钉头的帽子，这种轴可以防止轴向移动，在特定场合下很有用，如图 1-25 所示。

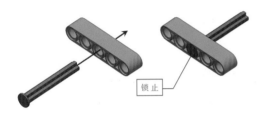

锁止

图 1-25

- 钉头轴主要有 3 号、4 号、5 号和 8 号等几种规格。其中，3 号钉头轴还有一种带有空心凸点的，这个凸点可以插入到销孔中，利用摩擦力进行固定，如图 1-26 所示。

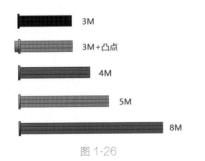

图 1-26

- 中间带有堵头的 5.5 号轴，这种轴分为两个部分，一端是 4.5 单位，另一端是 1 个单位，两者之间有一个堵头，主要是深灰色的。这个轴在安装车轮和差速器的时候很有用，如图 1-27 所示。

- 4 号是中间截止轴，轴上有一部分是没有沟槽的，这种设计是为了防止零件在轴上滑动，如图 1-28 所示。

图 1-27   图 1-28

销的分类

销的分类有多种方式，可以按照长度、形状和摩擦力等特性来分。

按照长度，销可以分为 $1\frac{1}{4}$ 单位、$1\frac{1}{2}$ 单位、2 单位和 3 单位等四类，如图 1-29 所示。

$1\frac{1}{4}$　　$1\frac{1}{2}$　　2　　3　　3

图 1-29

按照形状，销可以分为"圆柱销"和"轴销"两大类。圆柱销的横截面全部为圆形。轴销是十字轴和圆柱销的结合体，如图 1-30 所示。

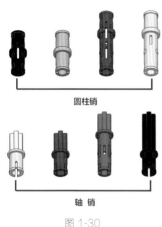

圆柱销

轴 销

图 1-30

按照摩擦力，销可以分为"摩擦销"和"光滑销"两大类，如图 1-31 所示。

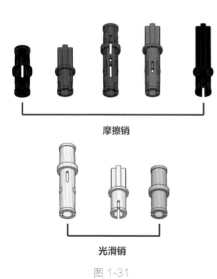

摩擦销

光滑销

图 1-31

以 2 单位的销为例，光滑销（左侧）和摩擦销（右侧）外形完全一致，但是摩擦销的柱面上带有很多小凸起，如图 1-32 所示。

凸起

图 1-32

这个设计可以防止摩擦销同与之相连接的零件产生转动，通常用于静态连接。光滑销没有小凸起，摩擦阻力极小，通常用于可转动部件。

1.1.4 乐高中的交叉块

交叉块的英文是 CROSS BLOCK。交叉块是乐高科技和机器人器材中特有的组成部分，其形状各异，种类繁多，如图 1-33 所示为部分交叉块。

为什么这类零件被称为"交叉块"？这个问题没有任何官方的解释，笔者试着用自己的理解来解释一下。

第一个方面，交叉块的外形。观察所有的交叉块会发现一个共同的特征，这些零件上都有在空间中相互交叉的轴孔或销孔，而且大多数都呈直角或平行关系。

图 1-34 列举了几个典型的交叉块，为了方便观察，将两个方向的轴孔和销孔的轴心线用红色和绿色虚线标记出来。可以看出，

两个方向的轴心线在空间中呈不共面的直角交叉。

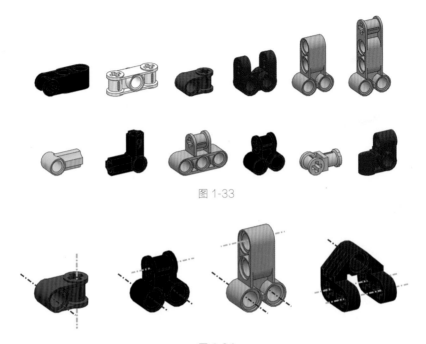

图 1-33

图 1-34

第二方面，交叉块的用途。由于交叉块具有空间交叉的轴孔和销孔，因此这类零件的主要功用就是各类科技零件在空间中的交叉组合。如果没有交叉块，很难想象科技零件将如何进行搭建组合。图 1-35 所示为五十川大师的几款科技作品，可以看到其中使用了大量的交叉块。

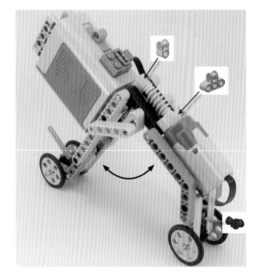

图 1-35

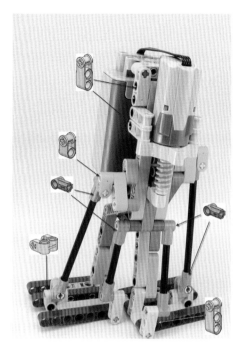

图 1-35（续）

图 1-36

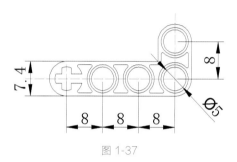

图 1-37

1.2 乐高的模数

乐高中所有零件外形尺寸采用统一的模数，这样才使零件之间可以进行任意组合，不会出现干涉或无法安装的情况。乐高零件之间的组合带来无限的可能性和极大的便利。如图 1-36 所示为乐高搭建的皮卡模型。

乐高零件的尺寸模数，最关键的两个数据是 8mm 和 5mm。乐高所有的零件外形都是基于这两个尺寸进行设计的。以 2×4 科技梁为例，相邻两个销孔的中心距均为 8mm，销孔的直径均为 5mm，如图 1-37 所示。

梁的横截面尺寸稍小于 8mm，这个设计是为了两根以上的梁装配在一起的时候能留有活动间隙。

再比如最常见的乐高科技砖的外形尺寸，如图 1-38 所示。其宽度和长度都是标准模数的整数倍，高度为标准模数的 1.2 倍。其侧面的销孔直径是 5mm，砖块上圆柱形凸点的直径也是 5mm。

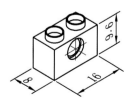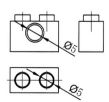

图 1-38

乐高中所有零件的外形、长度、孔径和孔距等参数都是基于标准模数进行设计制造的，大多数都是模数的整数倍。尺寸公差和形位公差也是统一的，再加上乐高零件极高的制造精度，使乐高零件具有极高的一致性和互换性。

图 1-39

1.3 结构设计的基本原则

所有的机器设计，都需要遵循一些基本的原理。首先，任何机器都需要一个稳固的框架或支架进行支撑。有了坚固的框架，其他的零件才能获得一个稳定、可靠的运行环境，从而产生设计者所需要的各种运行结果。

有了一个稳定框架之后，需要做一些优化处理，在满足需要的前提下，尽量将机器设计得更小巧、紧凑，零件的使用应尽可能减少。还可以进一步考虑优化机器的外观，使其更加精致、美观。因此，机器的结构设计有以下几条重要的原则：

- 坚固性原则；
- 轻量化原则；
- 美观原则。

图 1-39 所示为乐高鸣禽八音盒模型，它下方的底座就是一个典型的框架结构，其中安装了两个马达，同时也为上方的所有结构提供了一个稳固的基础。鸣禽的外形设计也尽量做到美观、形象和细节丰富。

1.3.1 坚固性原则

框架结构的设计，最重要的一点就是框架的稳定性和坚固性。组装好的框架不能轻易变形、解体。

例如，为最简单的两个梁做直线连接，如果只是把梁端点的销孔连接起来，是不稳固的，此时至少要有两个以上的销孔重叠才能保证不变形，如图 1-40 所示。

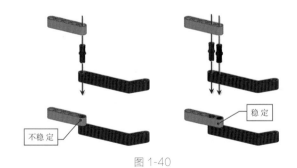

不稳定

稳定

图 1-40

又如，要用两根科技梁构建一个直角形的结构，如果仅仅使用黑色摩擦销把两个端点的销孔连接起来，尽管摩擦销有较大的阻尼，但是这个结构依然是极不稳固的，因为两根梁很容易绕黑色销转动，如图 1-41 所示。

图 1-41

这种情况下，比较理想的加固方案是采用角梁，把两根梁安装在角梁的两个直角边上，利用角梁稳固的直角来加固这个结构，如图 1-42 所示。

图 1-42

如果遇到两根销孔互相垂直的梁需要直角固定的情况，可以参考图 1-43 所示的加固方案。这里用到的直角形零件是 3×3 直角梁，又被称为"5 美金"。

还可以利用方框梁形成稳定的直角结构，如图 1-44 所示。方框梁本身就是一种非常坚固的直角零件。

5 美金

图 1-43

图 1-44

1.3.2 轻量化原则

一般而言，在满足强度的前提下，机器的结构越简单、零件用得越少越好。零件少，质量就相应减小，由此可以提高机器的工作效率，减少能量消耗。

例如，要获得一个 T 字形的稳定结构，在如图 1-45 所示的几种方案中，采用 3×5 角梁的方案最为坚固，T 形梁次之，2×4 角梁再次之。但是 3×5 角梁方案所占空间较大，质量也是最大的。相对而言，T 形梁方案各方面较为均衡。那么，具体到每个机器中，采用哪种方案要依周围的结构而定。

3×5 角梁   T 形梁   2×4 角梁

图 1-45

在另一个角度，乐高零件中的某些零件有的会有不同的厚度。例如有几种规格的梁就有厚度为 8mm 的标准梁和厚度为 4mm 的薄壁梁。如图 1-46 所示为两种不同厚度的 7 孔梁外形对比。

图 1-46

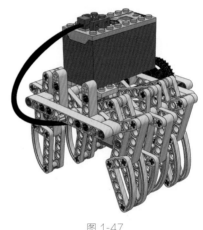

图 1-47

如图 1-47 所示为一款小巧的六足机器人。连杆和腿部机构使用了多种薄壁零件，整个机器人一共使用了 36 个薄壁零件。这个作品如果不使用大量薄壁零件，其体积将大幅度增加，模型会非常庞大臃肿。

1.3.3　美观原则

在满足了坚固和轻量化的前提下，机器外形的美观也是需要考虑的一个方面。

我们可以通过观察一些高手的作品，来对比分析一下美观原则在作品中的具体表现。

如图 1-48 所示为加拿大乐高大师 jason 的两款活动雕塑作品——奔马。上图为 2016 年创作，下图为 2020 年创作。

通过对比，很容易发现 2020 年的作品明显要比 2016 年的作品美观了很多。2016

版本中马的头部和躯干大量采用了平直的科技梁进行构建，躯体上有很多空隙，造型相对比较简单。2020版本马的头部和躯干大量采用弧面砖、板进行装饰，马的造型更加圆润、饱满，几乎没有不必要的空隙存在，更加接近真实的马。

2016 年版

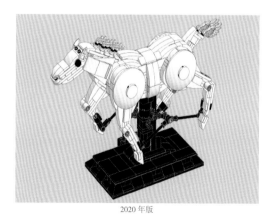

2020 年版

图 1-48

再来看看乐高官方科技套装作品的对比。如图 1-49 上图所示为乐高 2016 年发布的

42056 保时捷 911 跑车，下图为真车外形。

图 1-49

42056 因为其大比例车身尺寸和复杂的结构成为经典套装，但是其外形设计还是被很多爱好者所诟病——车身上的缝隙太多，和原作流线型造型的车身相比，还是有很大差距。

如图 1-50 所示是 2020 年发布的 42096 保时捷 911 RSR 赛车。相比于四年前的 42056，这款作品外形设计上有了一定的提升，尤其是前保险杠部分，大量使用了圆弧形的零件，造型已经非常接近原车了。

图 1-50

1.4 连杆机构设计概述

用乐高科技零件设计连杆类机构非常方便，只要确定好各连杆的长度，即可用乐高中的科技梁等零件加以表现。

连杆机构的表现，最常用的零件是各种规格的科技梁、科技砖、轴和各种规格的销。

尤其要注意的是，两根梁之间如果有相对旋转动作，它们之间的连接件一定要用灰色的光滑销。

以下列举一些常见连杆机构利用乐高零件的表现方法，请注意其中零件的选用。

1.4.1 瓦特连杆

瓦特连杆可以用 9 孔梁、5 孔梁和灰色光滑销等零件构建而成。如图 1-51 所示为一种瓦特连杆的搭建方案。

光滑销

图 1-51

1.4.2 波塞利连杆

波塞利连杆可以用 5 孔梁、7 孔梁、11 孔梁和各种规格的销构建。如图 1-52 所示为波塞利连杆的一种搭建方案。

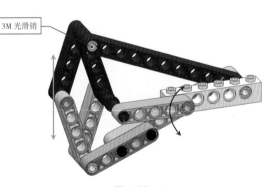

3M 光滑销

图 1-52

1.4.3 侯肯连杆

侯肯连杆可以采用 11 孔梁、6 孔薄壁梁和 3M 曲柄等零件构建。如图 1-53 所示为侯肯连杆的一种搭建方案。

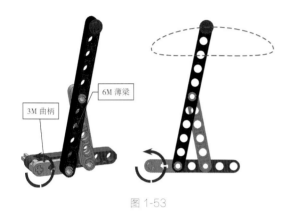

图 1-53

1.4.4 剪式连杆

剪式连杆机构可以采用 5 孔梁、4×10 板、10M 轴、1×2 科技砖和光滑销等零件构建。如图 1-54 所示为一种剪式连杆机构的搭建方案。

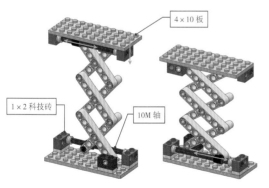

图 1-54

1.4.5 萨吕连杆

萨吕连杆机构可以采用 4×6 板、1×2 科技砖、7 孔梁和光滑销构建。如图 1-55 所示为一种萨吕连杆机构搭建方案。

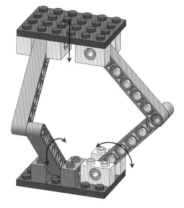

图 1-55

1.4.6 切比雪夫连杆

切比雪夫连杆机构可以采用 9 孔梁、5 孔梁和光滑销构建。如图 1-56 所示为一种切比雪夫连杆机构的搭建方案。

图 1-56

1.5 齿轮传动设计概述

齿轮作为一个传动部件，对于机械结构设计至关重要。齿轮可以将动力单元（电动马达、橡筋动力、发条马达、手动等）的动力传递到机械上，使机械运行起来。

同时，齿轮传动更重要的一个功能是输出我们所需要的动力属性，动力传输只是这个过程中的一个副产品。

以最常见的乐高电动马达（以下简称马达）为例，马达的输出动力是稳定、可测量的。每种马达都有其固定的转速和扭矩，不能随意改变。有时，我们需要更快的转速；有时，我们需要更大的扭矩。调节和控制机械的转速和扭矩，就需要用到齿轮了。

1.5.1 齿轮传动重要法则

齿轮最基本的用途是传递动力，其中最重要的法则如下：

- 用小齿轮带动大齿轮，扭矩增大，但是转速降低；
- 用大齿轮带动小齿轮，扭矩减小，但是转速增加。

齿轮的转速和扭矩成反比，例如，如果转速降低一半，则扭矩将相应增大一倍。反之，转速增大一倍，扭矩就会减小一半，其余情况以此类推。如图 1-57 所示为 8T 齿轮和 24T 齿轮传动的两种情况对比。

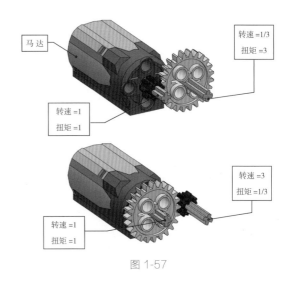

马达
转速 =1/3
扭矩 =3
转速 =1
扭矩 =1

转速 =3
扭矩 =1/3
转速 =1
扭矩 =1

图 1-57

1.5.2 效率和齿轮

齿轮在工作过程中会产生摩擦力，长时间工作轮齿也会产生磨损，因此要提高系统的工作效率，有如下两条法则：

- 齿轮用得越少效率越高；
- 齿轮用得越小效率越高。

例如，要设计一种三个单位轴心距、反向转动、转速为 1∶1 的动力传输结构，可以采用两种方案：第一种是四个 8T 齿轮接力传动；第二种是两个 24T 齿轮传动，如图 1-58 所示。

图 1-58

如无特殊情况（比如周围的空间狭小等），应优先考虑两个 24T 齿轮的传动方案。这个方案使用了尽可能少的齿轮，减少了齿轮之间摩擦所造成的动力损耗，更加高效。

1.5.3 齿轮比

齿轮比也叫齿比，指的是两个互相咬合的齿轮之间的齿数比例关系。例如用一个 8 齿与 40 齿进行传动，齿轮比为 8：40，简化后为 1：5，如图 1-59 所示。

图 1-59

如果是多级齿轮传动，可以按照如下公式计算齿轮比：

齿轮比 = 主动齿轮齿数乘积 / 从动齿轮齿数乘积

以本书第 7 章中的机械钟的齿轮传动为例，时针的动力传输路径如图 1-60 中所示的绿色线条。如果从通往秒针的 10M 轴开始算起，整个传输路径中共有 7 个主动齿轮，都是 8T 齿轮，从动齿轮有 3 个 16T 齿轮、2 个 24T 齿轮和 1 个 40T 齿轮。这套传动系

统轮比算式如下：

$$8^7 / (16^4 \times 24^2 \times 40) = 2097152 / 1509949440 = 1 / 720$$

这个齿轮比恰好等于秒针和时针的转速比。

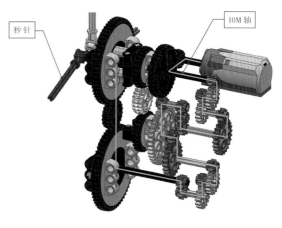

图 1-60

1.5.4 齿轮啮合的"16T"原则

在乐高的齿轮系统中，能在直梁上进行正确装配的一对齿轮，其齿数之和必须是 16 的整数倍。实际上就是二者的轴心距必须是 8mm（标准模数）的整数倍。

例如，8T 与 24T 齿轮可以在直梁上正确装配，因为二者的齿数之和为 32，是 16 的整数倍。同时，二者的轴心距是 16mm，是标准模数的 2 倍。

因为 44 无法整除 16，所以 20T 和 24T 齿轮就无法正确啮合，如图 1-61 所示。

图 1-61

表 1-2 所示为乐高齿轮轴心距速查表，

如果任意两个齿轮的行和列的交点为整数，表示这两个齿轮的轴心距是模数的整数倍，可以在直梁上正确啮合。

例如，20T 齿轮所在的行有两个整数，分别对应的是 12T 齿轮和 28T 齿轮。也就是说，20T 齿轮与这两款齿轮可以在直梁上正确啮合。

表 1-2

齿数	半径							
	0.5	0.75	1	1.25	1.5	1.75	2.25	2.5
8	1	1.25	1.5	1.75	2	2.25	2.75	3
12	1.25	1.5	1.75	2	2.25	2.5	3	3.25
16	1.5	1.75	2	2.25	2.5	2.75	3.25	3.5
20	1.75	2	2.25	2.5	2.75	3	3.5	3.75
24	2	2.25	2.5	2.75	3	3.25	3.75	4
28	2.25	2.5	2.75	3	3.25	3.5	4	4.25
36	2.75	3	3.25	3.5	3.75	4	4.5	4.75
40	3	3.25	3.5	3.75	4	4.25	4.75	5

注：凡是上面表格中非整数的单元格所对应的齿轮，都是无法在直梁上正确啮合的。

1.5.5 "非标"齿轮装配

这里的"非标"是针对"16T"原则来讲的。虽然不符合"16T"原则的齿轮无法在直梁上装配，但是可以利用角梁、弯梁、交叉块或科技砖的几何特点，改变齿轮中心的距离来进行装配。

下面列举一些"非标"装配的例子，如图 1-62（a）~（f）所示。

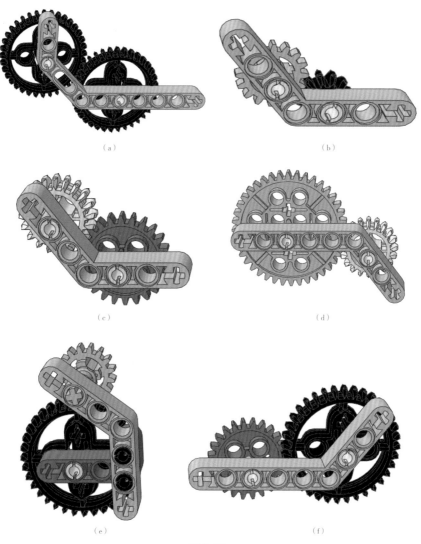

（a）　　　　　　　　　　　　　　　　（b）

（c）　　　　　　　　　　　　　　　　（d）

（e）　　　　　　　　　　　　　　　　（f）

图 1-62

第2章 乐高齿轮传动机构设计

#1- 六轴转动机构

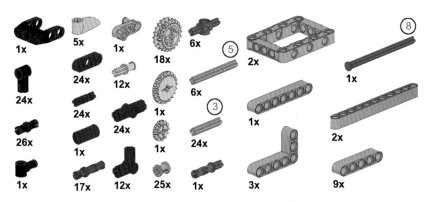

1x | 5x | 1x | 18x | 6x
24x | 12x | 5
24x | 24x | 6x | 2x
26x | 24x | 1x | 3 | 1x | 8
1x | 1x | 24x | 2x
1x | 17x | 12x | 25x | 1x | 3x | 9x | 1x

该机构由框架、摇柄和若干齿轮构成。从摇柄输入一个连续的转动，上方的五个黄色指针会同步转动，如图 2-1 所示，背面的结构如图 2-2 所示。

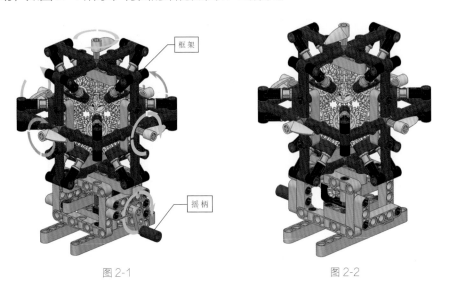

框架

摇柄

图 2-1　　　　　　　　　图 2-2

齿轮传动示意图如图 2-3 所示。

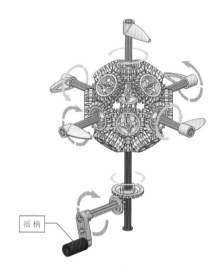

摇柄

图 2-3

#2- 齿轮道闸

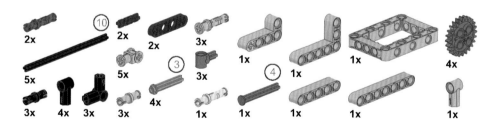

该机构由框架、齿轮、交叉块以及各种规格的轴和销构成。按下或抬起红色手柄，可以控制道闸的伸缩。当手柄按压到垂直状态时，道闸完全收缩，如图 2-4 所示。

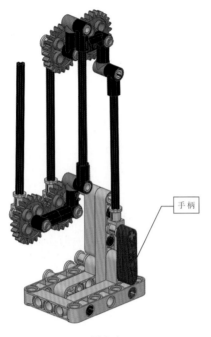

图 2-4

红色手柄抬升到水平位置时，道闸臂完全张开，如图 2-6 所示。

图 2-6

道闸背面结构如图 2-7 所示。

图 2-7

红色手柄抬升或按压到 45° 位置时，道闸臂处于半展开状态，如图 2-5 所示。

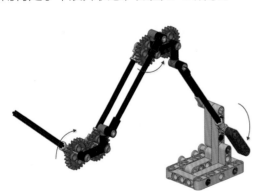

图 2-5

#3- 齿轮往复机构 -1

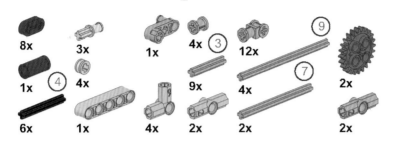

8x	3x	1x	4x ③	12x	⑨	2x
1x ④	4x	6x	1x	4x	2x	2x ⑦

该机构由框架、摇柄、曲柄和齿轮等部件构成。连续转动摇柄，上方的活动框会随着齿轮、曲柄机构做上下往复运动，如图 2-8 所示。

图 2-9

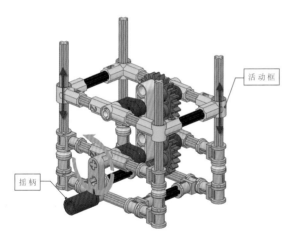

图 2-8

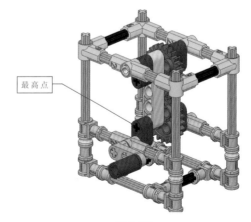

图 2-10

核心部分的传动机构如图 2-9 所示。

当红色曲柄转动到最高点时，活动框也运动到最高点，如图 2-10 所示。

当红色曲柄转动到最低点时，活动框也运动到最低点，如图 2-11 所示。

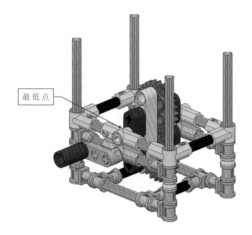

图 2-11

#4- 摇头风扇机构

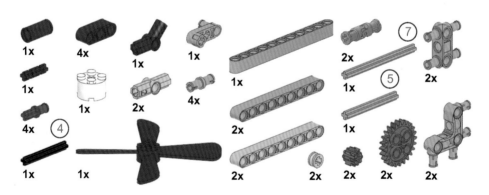

该机构由框架、扇叶、万向节、齿轮、摇柄等部件构成。从上方的摇柄输入连续的转动，下方黄色的框架将做往复摆动，黄色框内部的传动机构也做往复摆动。风扇在转动的同时做循环摇动，如图 2-12 所示。

摇头风扇机构的几个状态如图 2-13（a）～（c）所示。

摇头风扇的传动机构是一个加速齿系统，转速加快 9 倍，如图 2-14 所示。

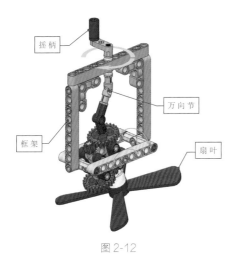

摇柄

万向节

框架

扇叶

图 2-12

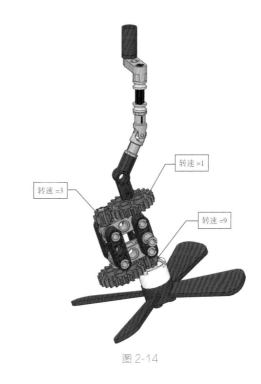

转速 =1

转速 =3

转速 =9

图 2-14

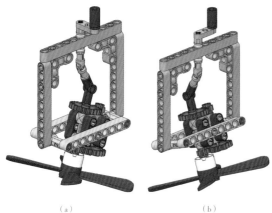

（a）

（b）

（c）

图 2-13

#5- 齿条棘轮机构

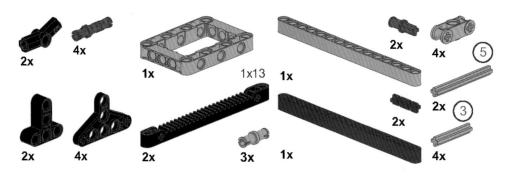

2x　4x　1x　1x13　1x　2x　4x　⑤

2x　4x　2x　3x　1x　2x　3

　　　　　　　　　2x　4x

　　该机构由支架、齿条、棘爪、手柄等部件构成。上下往复摇动手柄，手柄上的棘爪交替推动齿条，可以将齿条机构不断向上方推动，如图 2-15 所示。

　　手柄下压的时候，左侧棘爪将齿条机构向上推动，如图 2-16 所示。

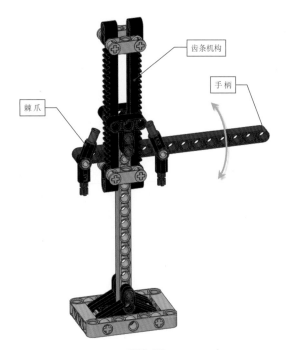

齿条机构

手柄

棘爪

图 2-15

棘爪

图 2-16

齿条棘轮机构的背面结构，如图 2-17 所示。

图 2-17

#6- 双棘爪间隙推动机构

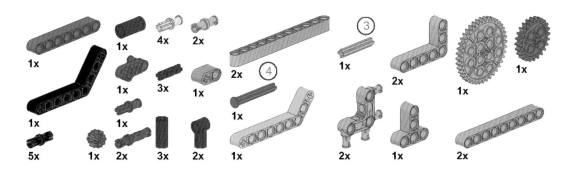

该机构由支架、曲柄、棘爪和齿轮等部件构成。手柄做顺时针连续转动时，带动橙色曲柄逆时针转动，两个红色棘爪交替推动 40T 齿轮做间歇顺时针转动。如图 2-18 所示为曲柄位于最左侧时的状态。

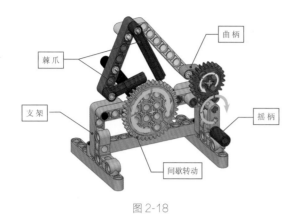

图 2-18

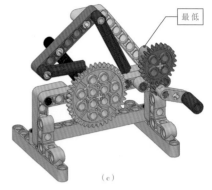

（c）

图 2-19（续）

曲柄在不同角度时，两个棘爪的状态，如图 2-19（a）～（c）所示。

该机构的背面结构，如图 2-20 所示。

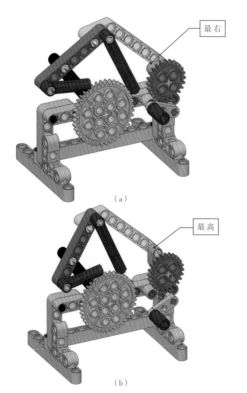

（a）

（b）

图 2-19

图 2-20

#7- 行星齿轮——角度保持机构

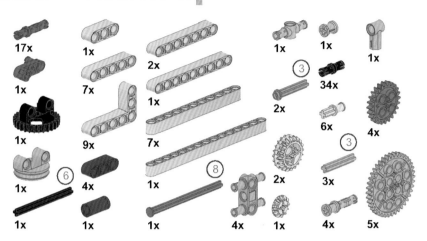

17x 1x 2x 7x 1x 1x 9x 7x 1x 8x 4x 1x 1x 1x 1x 6 1x 4x 1x 3 34x 2x 6x 4x 2x 3x 4x 1x 4x 5x

该机构由框架、转盘、摇柄、各种规格的梁和若干齿轮构成。上方黄色十字形支架的顶部有一套行星齿轮系统，中心的 40T 齿轮为太阳轮，保持静止状态。转动摇柄，十字框架无论如何转动，四个红色标志块的角度始终保持不变，如图 2-21 所示。

黄色十字支架转动到任何角度，红色标志块随之转动，但是角度始终保持不变，如图 2-22 所示。

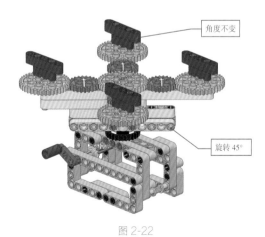

角度不变
保持静止
旋转 45°

图 2-22

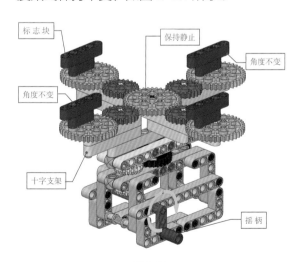

标志块
角度不变
保持静止
角度不变
十字支架
摇柄

图 2-21

#8- 行星齿轮——搅拌器

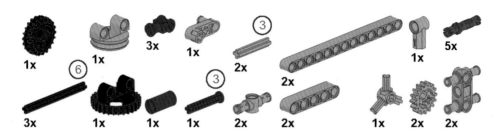

1x **6** **1x** **3x** **1x** **2x** **3** **2x** **1x** **5x**

3x **1x** **1x** **1x** **2x** **2x** **1x** **2x** **2x**

该机构由手柄、摇柄、转盘、齿轮和轴、销等部件构成。顺时针转动摇柄时，行星轮绕太阳轮逆时针转动，同时带动搅拌叉逆时针转动，如图 2-23 所示。

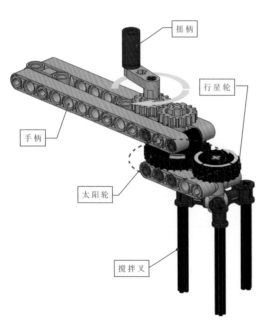

摇柄

行星轮

手柄

太阳轮

搅拌叉

图 2-23

行星轮在不同位置时的状态，如图 2-24（a）～（c）所示。

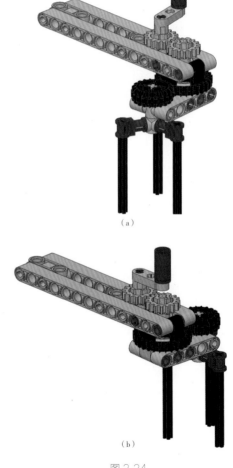

（a）

（b）

图 2-24

图 2-24（续）

#9- 弧形齿条摆动机构

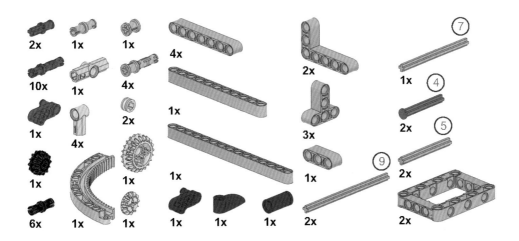

　　该机构由支架、齿圈、曲柄和若干齿轮构成。转动摇柄，驱动红色曲柄连续转动，黄色连杆带动弧形齿条往复摆动，弧形齿圈带动 12T 齿轮转动。如图 2-25 所示为弧形齿条摆动到最右侧的情形。

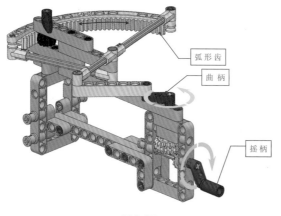

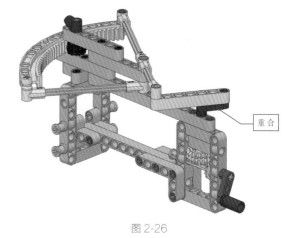

图 2-25   图 2-26

当红色曲柄转动到与黄色连杆重合的位置时，弧形齿条位于左侧，如图 2-26 所示。

#10- 行星齿轮 + 摆动机构

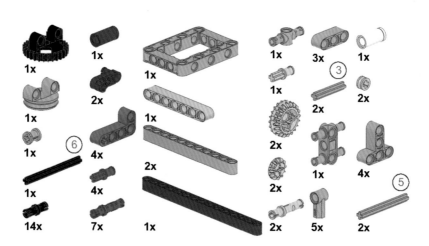

该机构由支架、转盘、摇柄、齿轮及各种规格的梁、轴和销等部件构成。顺时针转动摇柄时，转盘上盖将带动其上方的部件逆时针转动。圈梁底部静止的 20T 齿轮作为太阳轮，12T 齿轮绕太阳轮转动，驱动红色曲柄做顺时针转动，通过黄色连杆带动红色 15 孔梁做往复摆动，如图 2-27 所示。

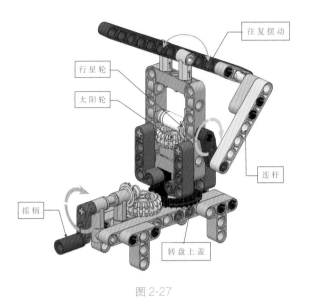

往复摆动

行星轮

太阳轮

连杆

摇柄

转盘上盖

图 2-27

行星齿轮＋摆动机构运行时的几个不同的状态，如图 2-28（a）～（b）所示。

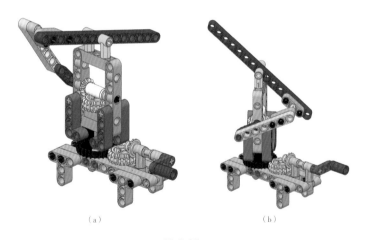

（a） （b）

图 2-28

#11- 齿条往复机构

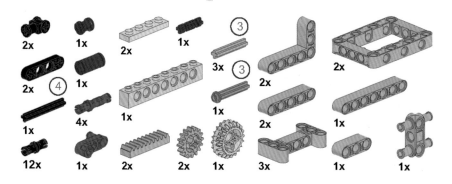

該機構由框架、齿条、齿轮和摇柄等部件构成。摇柄顺时针（唯一方向）连续转动，同轴的黑色曲柄同步转动，交替拨动两个与16T齿轮相连的拨杆，形成20T齿轮的往复转动，该齿轮驱动与之啮合的齿条往复摆动，如图2-29所示。

从背面观察，黑色曲柄顺时针转动，推动与之接触的拨杆向右转动，与这个拨杆同轴的20T齿轮顺时针转动，右侧的16T齿轮逆时针转动。

曲柄　　拨杆

摇柄

16 T

20 T

齿条

框架

图 2-29

齿轮往复机构背面结构如图2-30所示。

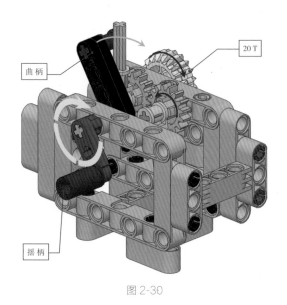

曲柄

20 T

摇柄

图 2-30

拨杆的上方交换方式如图2-31所示。当曲柄转动到图中所示的位置时，红色轴套

所推动的拨杆将由 # 1 切换为 # 2。系统的转动方向也随之改变，20T 齿轮转为顺时针转动（从正面观察），齿条随之向左移动。

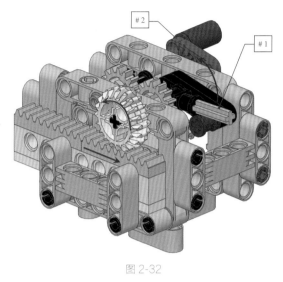

图 2-32

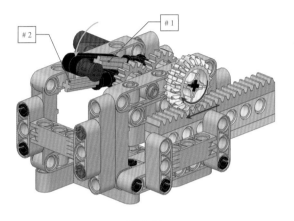

图 2-31

拨杆的下方交换方式如图 2-32 所示。当曲柄转动到图中所示的位置时，其推动的拨杆将由 # 2 切换为 # 1，20T 齿轮随之切换为逆时针转动，齿条向右侧移动。

#12- 曲柄齿条机构

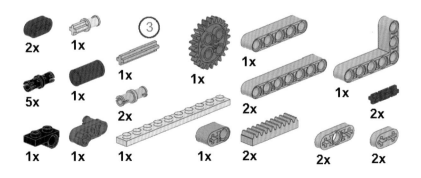

该机构由支架、齿条、摇柄、齿轮等部件构成。顺时针转动摇柄，橙色曲柄驱动齿条摆动，齿条带动与之啮合的 24T 齿轮往复转动，24T 齿轮所在的黄色连杆往复摆动，如图 2-33 所示。

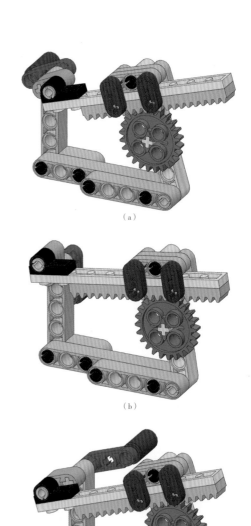

（a）

（b）

（c）

图 2-34

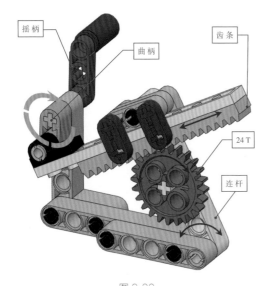

图 2-33

曲柄齿条机构运行时的几个状态，如图 2-34（a）~（c）所示。

#13- 可变转动偏心齿轮机构

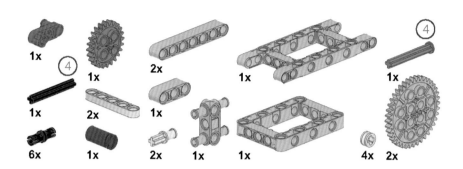

该机构由支架、齿轮、连杆和摇柄等部件构成。三个齿轮中,右侧的40T齿轮为偏心转动,两根黄色连杆连通一个24T齿轮和右侧40T齿轮。顺时针转动摇柄,带动右侧40T齿轮做逆时针转动。两根黄色连杆之间的夹角随着齿轮的转动循环变化,如图2-35所示。

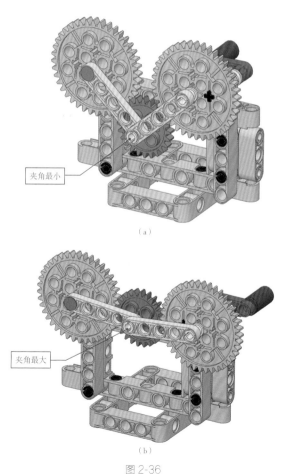

（a）

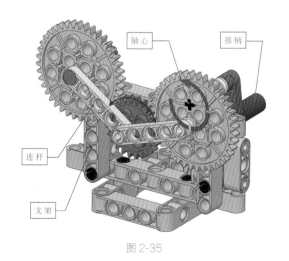

图 2-35

该机构运行时的另外两种状态,分别为夹角最小和最大状态,如图2-36(a)~(b)所示。

（b）

图 2-36

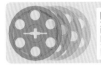

#14- 曲柄连杆齿轮机构

1x　⑥　1x　1x　2x　2x
1x　④　1x　2x　2x　③　2x　3x　4x
1x　2x　1x　2x　1x　2x
8x　14x　1x　1x　2x　1x　3x

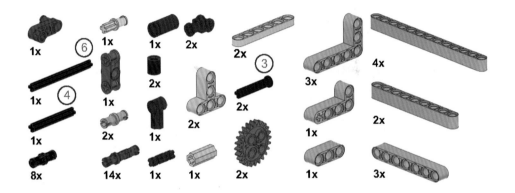

该机构由框架、齿轮、曲柄和若干交叉块构成,其运动部分由两个互相啮合在一起的24T齿轮和一套曲柄连杆机构组成。两个24T齿轮固定在一个滑块上。绿色曲柄连续转动时,通过右侧24T齿轮带动滑块往复运动,同时左侧24T齿轮做往复摆动加转动,该齿轮上的黄色指针也同时做往复摆动,如图2-37所示。

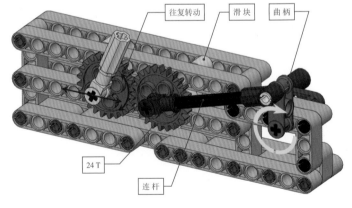

图 2-37

该机构的传动系统如图 2-38 所示，两个 24T 齿轮安装在一个滑块上，滑块被安装在一个轨道中，可以平稳往复滑动。

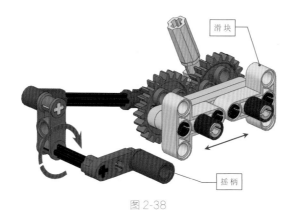

图 2-38

绿色曲柄转动到不同位置时的几个状态，如图 2-39（a）~（c）所示。

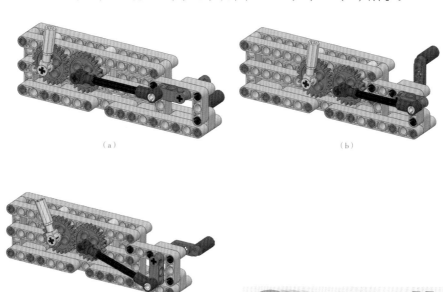

图 2-39

#15- 同轴反转机构

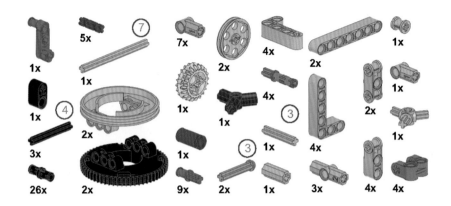

5x

7

1x

7x

4x

2x

1x

4x

2x

2x

1x

1x

4x

1x

3

2x

3x

1x

1x

2x

26x

2x

9x

2x

1x

3x

4x

4x

该机构由框架、转盘、齿轮和摇柄等部件构成。转动摇柄，机构上方的两组角块（橘色和黄色）在两个转盘的驱动下同时、同转速、反方向转动，如图 2-40 所示。

摇柄带动同轴的 20T 齿轮转动，该齿轮同时驱动与之啮合的上转盘和下转盘，两个转盘同时反向转动。下转盘的转动通过轴传递给上方的黄色角块。该机构的传动原理如图 2-41 所示。

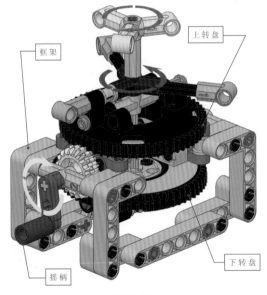

图 2-40

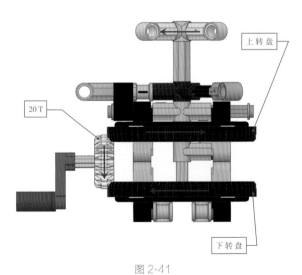

图 2-41

注意，这里使用的转盘是编号为 18938 的 60 齿转盘，切勿与另一款 56 齿的 50163 转盘混淆。50163 带有内齿圈，18938 则没有。二者的对比如图 2-42 所示。

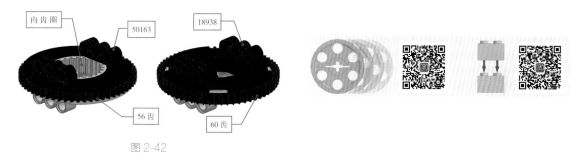

图 2-42

#16- 固定轴和摆动轴齿轮机构

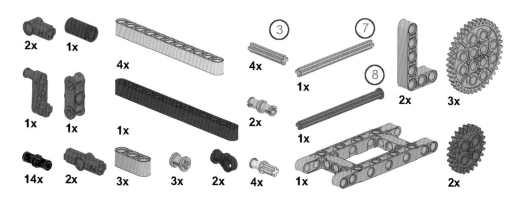

该机构由支架、齿轮、连杆和曲柄等部件构成。绿色曲柄随摇柄做逆时针转动，带动红色连杆，红色连杆带动黄色摆臂做往复摆动。同时，五个固定在连杆上的齿轮也随同右侧 40T 齿轮转动，两根连杆的夹角循环变化，如图 2-43 所示。

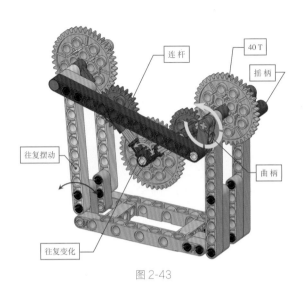

图 2-43

该机构的另外两种状态，如图 2-45
（a）~（b）所示。

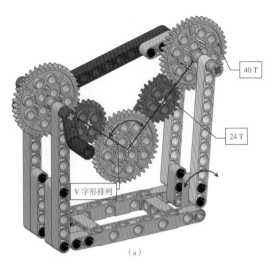

（a）

该机构背面结构如图 2-44 所示。5 个齿
轮呈 V 字形排列，V 字形的夹角会随着红色
连杆和黄色摆臂不断循环变化。

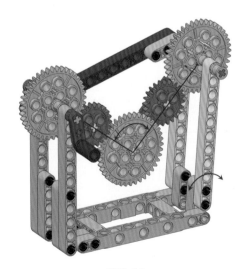

图 2-44

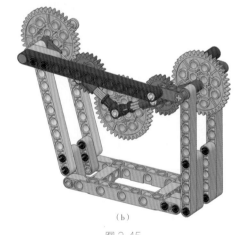

（b）

图 2-45

#17- 齿轮往复机构 -2

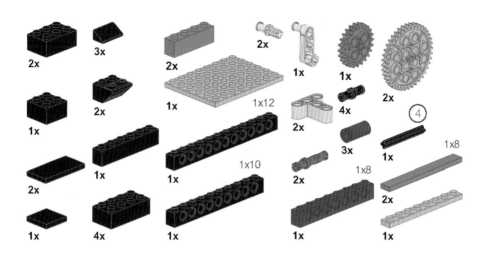

该机构由支架、滑块、曲柄和齿轮等部件构成。其中 24T 齿轮和两个 40T 齿轮呈直线排列且相互啮合。顺时针连续转动24T 齿轮，会带动其右侧的两个 40T 齿轮转动。40T 齿轮上的两个蓝色拨杆交替拨动滑块上的黄色凸起，形成滑块的往复摆动，如图 2-46 所示。

当右侧 40T 齿轮转动到如图 2-47 所示的位置时，其侧面的蓝色拨杆将推动滑块向左移动。

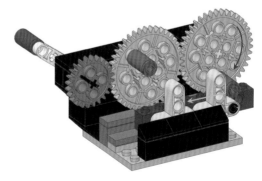

图 2-47

当左侧的 40T 齿轮转动到如图 2-48 所示的位置时，其侧面的蓝色拨杆将推动滑块向右侧移动。

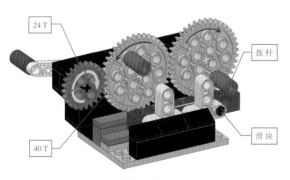

图 2-46

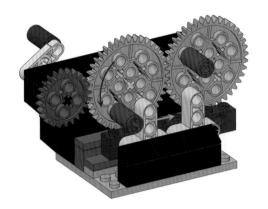

图 2-48

#18- 双丝杠机构

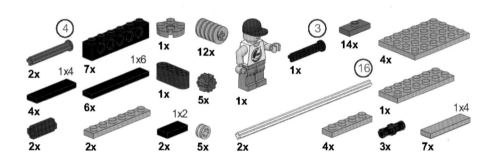

该机构由两根平行丝杠和一个齿轮滑块组成，一个人仔与齿轮滑块相连接，机构一端有两个红色手动旋钮。两个旋钮的不同旋转组合，可以形成齿轮滑块上人仔的动态效果，如图 2-49 所示。

图 2-49

当两个旋钮同时顺时针转动时，齿轮滑块将向左侧移动，如图2-50所示。反之，当两个旋钮同时逆时针转动时，齿轮滑块将向右移动。

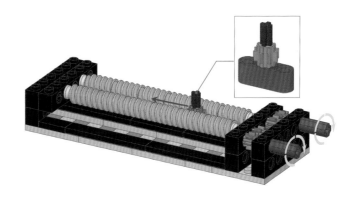

图 2-50

当两个旋钮同时向内旋转时，齿轮滑块的位置保持不动，其上的轴将在齿轮的带动下原地顺时针转动，如图 2-51 所示。反之，当两个旋钮同时向外反向转动时，其上的轴将逆时针转动。如果两个旋钮中一个转动，另一个不转动，则齿轮滑块将会呈现一边整体移动、一边转动齿轮的滚动效果，如图 2-52 所示。

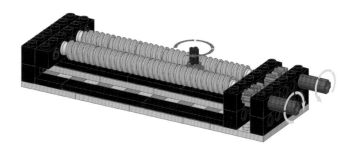

图 2-51

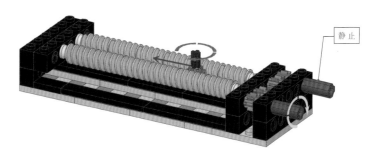

图 2-52

#19- 丝杠机构

6x   ④   2x   ⑫   6x   2x   4x   2x   4x   ⑤

2x

16x   1x   2x   6x   3x   2x   2x   1x   2x   3x

该机构由支架、活动框架、齿轮和曲柄等部件构成。上方的摇柄连接一根丝杠，丝杠通过两个固定不转的齿轮与红色活动框架连接，形成一套丝杠驱动机构。逆时针转动摇柄，红色框架向左侧移动。反之，顺时针转动摇柄，红色框架向右侧移动，如图2-53所示。

红色活动框架的最大行程约为6个乐高单位，向左移动的极限位置如图2-54所示。

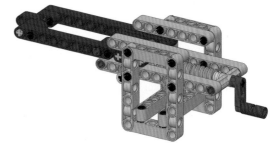

图 2-54

丝杠机构的传动原理如图2-55（a）~（b）所示。红色活动框架上有两个8T齿轮，上方的为锁止状态，不会转动，主要用于传递来自丝杠的动力。下方的8T齿轮是为了把框架夹持在丝杠上。

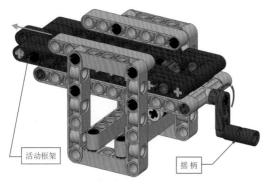

活动框架

摇柄

图 2-53

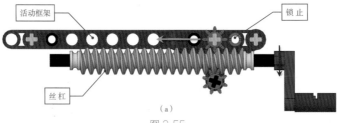

活动框架   锁止

丝杠

（a）

图 2-55

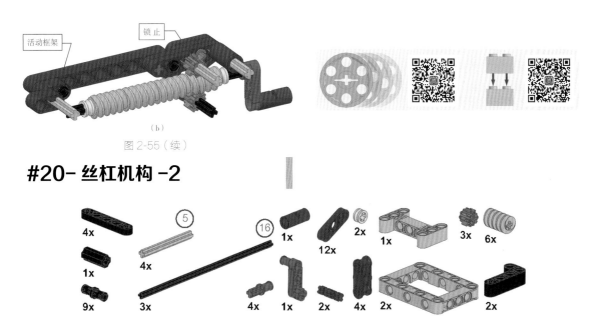

图 2-55（续）

#20- 丝杠机构 -2

该机构由滑块、丝杠、导轨、摇柄和支架等组成。逆时针转动摇柄，红色滑块将沿着导轨向左侧移动。反之，顺时针转动摇柄，滑块将向右侧移动，如图 2-56 所示。

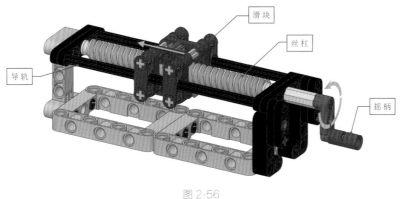

图 2-56

该机构的传动原理如图 2-57（a）~（b）所示。滑块上有 3 个 8T 齿轮，下方的两个处于锁止状态，用于传递动力。上方的 8T 齿轮用于夹持丝杠。

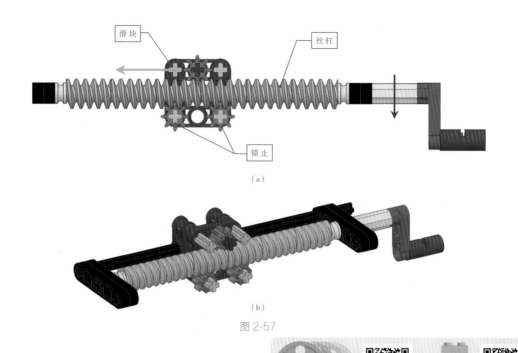

滑块

丝杠

锁止

（a）

（b）

图 2-57

#21- 行星齿轮变速机构

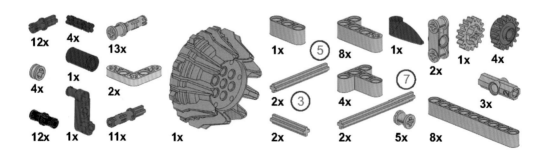

12x

4x

13x

1x

5

8x

1x

1x

4x

4x

1x

2x

2x

4x

7

3x

12x

1x

11x

1x

2x

3

2x

2x

5x

8x

该机构由框架、行星齿轮变速箱和两个输入（输出）轴构成。如果从右侧低速端输入转动，通过变速箱的提速，左侧高速端输出的转速将增大3倍，而且两端的轴旋转方向也是相同的，如图 2-58 所示。

反过来，如果从高速端输入转动，则低速端的转速将降低到 1/3。两端的旋转方向是相同的，如图 2-59 所示。

变速箱内部结构如图 2-60 所示。黄色十字支架上安装了 4 个深灰色 16T 齿轮，这 4 个齿轮与橙色轮子的内齿圈啮合。橙色轮子是静止的，成为行星齿轮系统中的太阳轮，其内齿圈是 48 齿，因此 4 个深灰色行星齿轮被加速 3 倍。4 个深灰齿轮将转动传递给中心的浅灰色 16T 齿轮，该齿轮再将动力传递给同轴的摇柄。

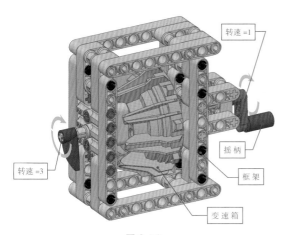

图 2-58

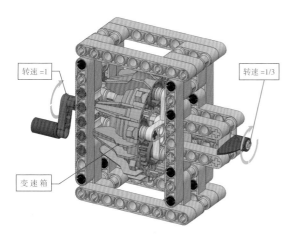

图 2-59

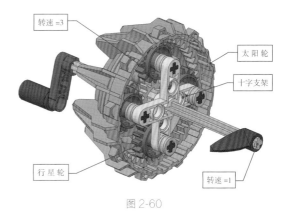

图 2-60

#22- 曲柄齿条往复机构

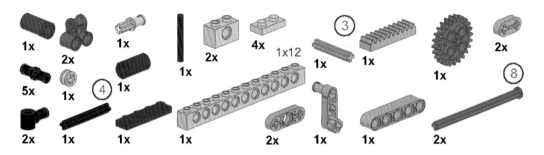

1x	2x	1x	2x	4x	1x12				2x
5x	1x	④	1x	1x		③ 1x	1x	1x	⑧
2x	1x	1x	1x	2x	1x	1x	2x		

该机构由滑轨、曲柄、齿条和摇柄等部件构成。转动摇柄，与摇柄同轴的曲柄同步转动。曲柄上的褐色销在滑轨中滑动。滑轨驱动24T齿轮做往复摆动，24T齿轮带动其下方的齿条做往复直线运动，如图2-61所示。

在该机构运行时的另外两个状态，曲柄位于最右侧时，齿条移动到最左侧；曲柄位于最高和最低点时，齿条位于中间位置，如图2-62所示。

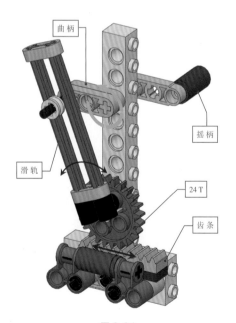

图2-61

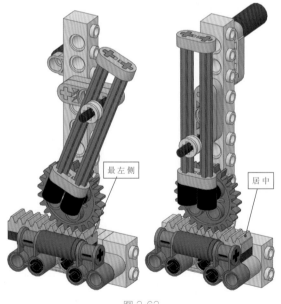

图2-62

还有一种采用40T齿轮作为曲柄的设计方案，同该方案的原理是完全一致的，如图2-63（a）~（c）所示。

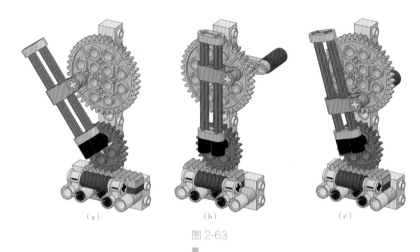

（a）　　　　　　　　（b）　　　　　　　　（c）

图 2-63

#23- 差速器应用——指南车

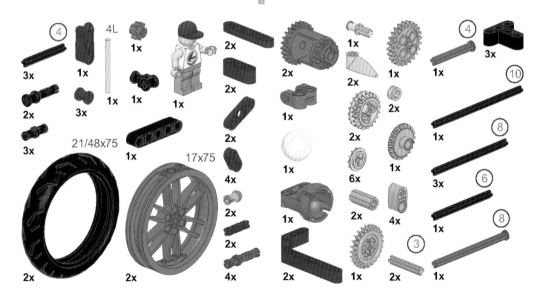

指南车由车架、车轮和一套齿轮传动系统构成。指南车的中心位置安装了一个水平方向的冠状齿轮，一个人仔通过轴传动与该齿轮同步转动。当两个车轮同时着地时，无论车子如何转动，人仔手中的指挥棒始终指向同一个方向，如图2-64所示。

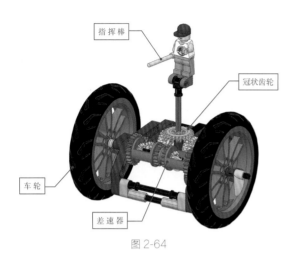

图 2-64

指南车后方安装了一个万向轮。它的反面结构如图 2-65 所示。

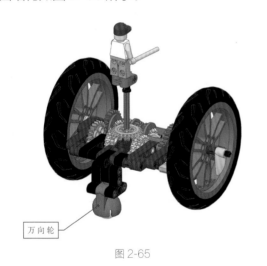

图 2-65

该机构可以实现恒定指向，最核心的部件是两个差速器，其中右侧（前进方向）的

差速器通过一个不转的 8T 齿轮进行锁止。

当左侧车轮向后转动，右侧车轮静止时，齿轮系统的传动方式如图 2-66 所示。左侧车轮转动时会通过两个差速器中一系列齿轮传动，形成左侧差速器向后转动。该差速器外壳上的 24T 齿轮带动与之啮合的 24T 齿轮向下转动。与 24T 齿轮同轴的 20T 齿轮也同步向下转动，带动冠状齿轮顺时针转动。此时，冠状齿轮的转动恰好与车身的整体转动相互抵消，因此与冠状齿轮共轴的人仔也保持角度不变。

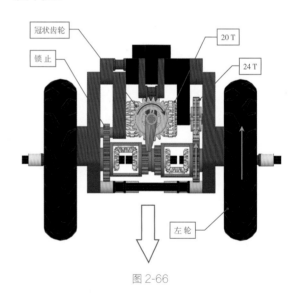

图 2-66

整车逆时针转动 45° 时，橙色指针的指向保持不变，如图 2-67 所示。

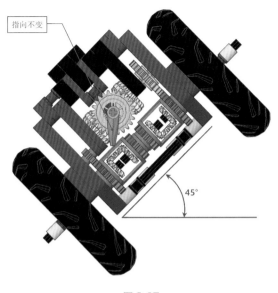

图 2-67

这个作品中使用的差速器编号为 6573，它是乐高科技零件中的第二代差速器，其两端外轮廓有一圈轮齿，分别为 16 齿和 24 齿。两个端面上各有一个同轴的通孔。这个结构适合做行星齿轮或本例中的同轴转动机构，

如图 2-68 所示。

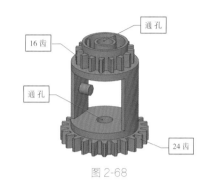

图 2-68

#24- 双转轴机构

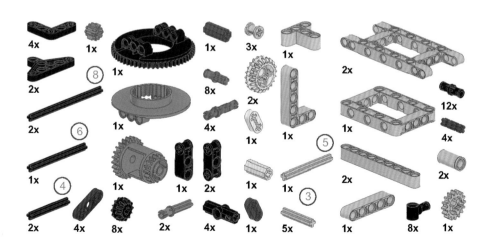

该机构由框架、大转盘和若干齿轮等部件构成。侧面有三个作为旋钮的齿轮。右侧 20T 齿轮用于控制转盘的转动，左侧 12T 齿轮用于控制顶部黄色转轴的转动，中间的 12T 齿轮用于控制红色转轴的转动，如图 2-69 所示。

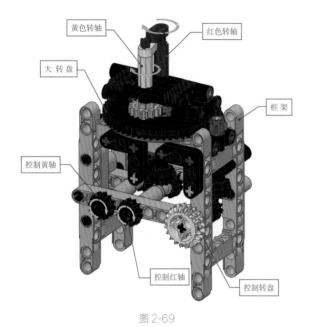

图 2-69

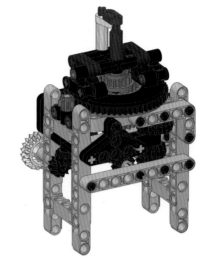

图 2-70

顺时针转动 20T 齿轮，转盘将顺时针转动。两个 12T 齿轮和黄色、红色转轴的旋向也是相同的。当大转盘转动时，将会带动黄色转轴同时绕红轴转动。该机构背面的结构如图 2-70 所示。

该机构的传动原理如图 2-71 所示。三组不同颜色的虚线表示三个旋钮的动力传输路线，其中比较特殊的零件是位于大转盘中间的差速器外壳。

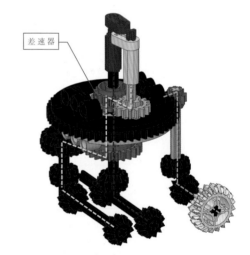

图 2-71

#25- 大转盘行星齿轮机构

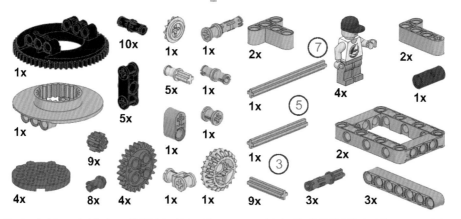

1x   10x   1x   1x   2x   ⑦   4x   2x

5x   5x   1x   1x   ⑤   1x   2x

1x   9x   4x   1x   1x   1x   ③

4x   8x   4x   1x   1x   9x   3x   3x

该机构由支架、大转盘、摇柄和若干齿轮构成。如果顺时针摇动手柄，大转盘将逆时针转动，带动上方的四个人仔同步转动。四个人仔在随大转盘转动的同时还做顺时针自转，如图 2-72 所示。

该机构背面结构如图 2-73 所示。

图 2-73

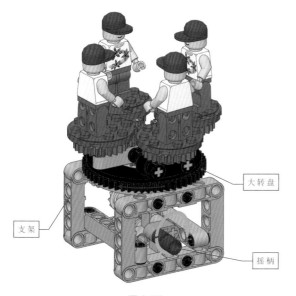

支架

大转盘

摇柄

图 2-72

该机构的传动原理如图 2-74 所示。大转盘的灰色底壳是静止不动的，并带有 24 个齿的内齿圈，成为行星齿轮系统中的太阳轮。

它的内部有 4 个 8T 齿轮与黑色上盖一起公转，成为行星轮。8T 齿轮逆时针转动，将动力传递给外围的 4 个 24T 齿轮。

另有一款与上述机构类似的作品，如图 2-75 所示。该作品中，两个人仔随同大转盘做公转的同时带有自转。不同的是左侧人仔的公转半径较小，右侧人仔的公转半径较大。

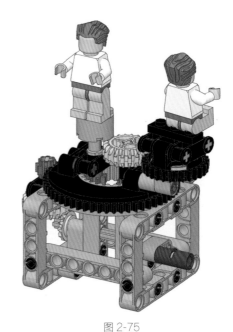

图 2-75

行星轮

太阳轮

行星轮

图 2-74

#26- 行星齿轮摆臂

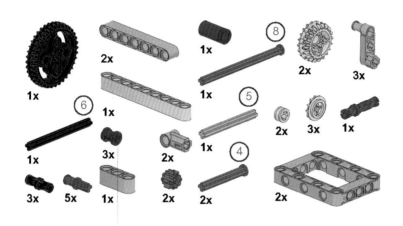

该机构由支架、摇柄、齿轮系统和摆臂等部件构成。支架上方的 36T 齿轮静止不动，成为行星齿轮系统中的太阳轮。顺时针转动摇柄，通过齿轮传动，驱动黄色摆臂顺时针转动。黄色摆臂上的 12T 齿轮为行星轮，绕太阳轮转动，再将动力传递给绿色摆臂。绿色摆臂在随同黄色摆臂转动的同时，做逆时针转动，如图 2-76 所示。

该机构的传动原理如图 2-77 所示，它共有 8 个齿轮，组成传动系统，其中 36T 齿轮为静止的太阳轮。

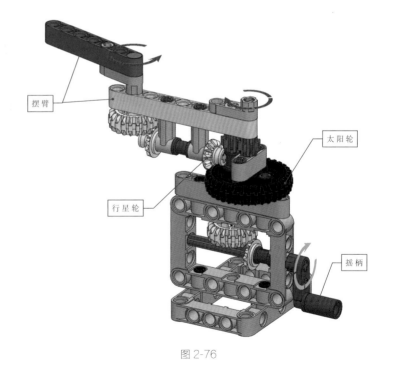

图 2-76

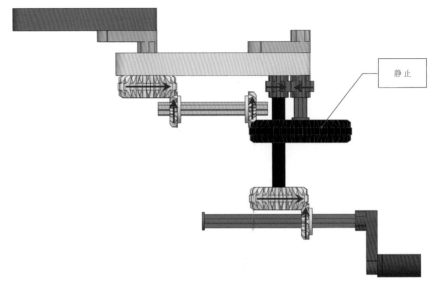

静 止

图 2-77

该机构在运行时的几个状态如图 2-78（a）~（c）所示。

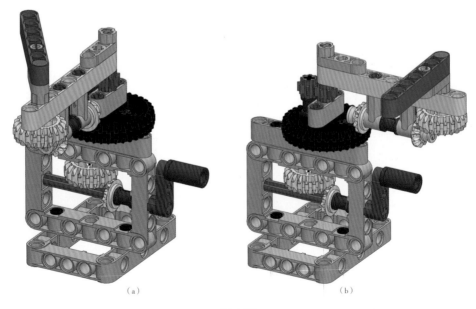

（a）　　　　　　　　　　　（b）

图 2-78

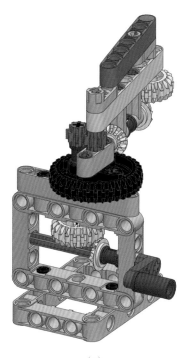

（c）

图 2-78（续）

第3章

乐高连杆机构设计

#1- 操纵杆

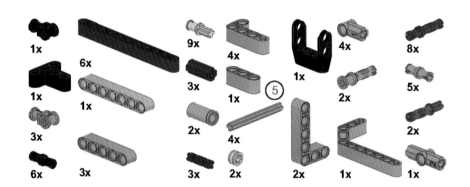

1x	6x	9x	4x	1x	4x	8x
1x	1x	3x	1x	⑤	2x	5x
3x		2x				2x
6x	3x	3x	2x	2x	1x	1x

该机构由支架、手柄、连杆和指针等部件构成。摇动右侧的手柄，通过连杆的传动，左侧的黄色指针会同步摆动，如图3-1所示。

当手柄向左侧转动时，黄色指针向右侧摆动。反之，如果手柄向右转动，黄色指针则向左摆动。由于两根红色连杆是一个平行四边形机构，所以手柄与指针始终保持平行状态，如图3-2(a)~(c)所示。

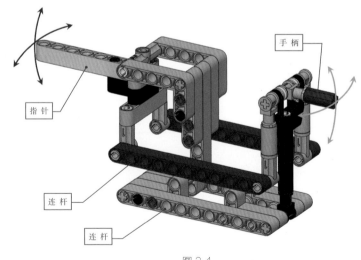

图 3-1

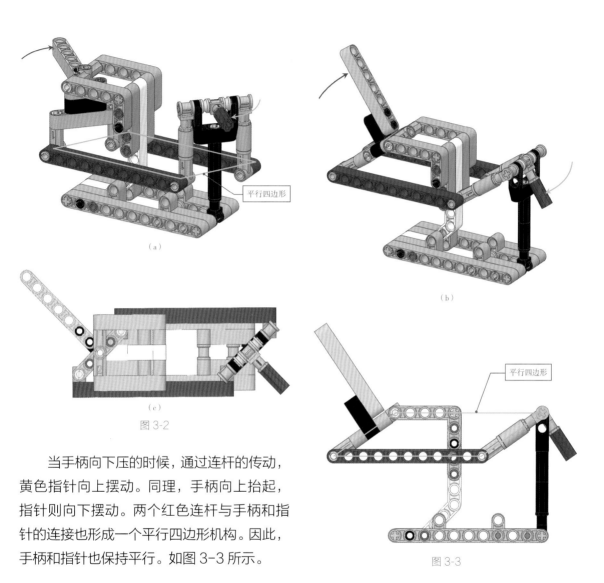

（a）

（b）

（c）

图 3-2

当手柄向下压的时候，通过连杆的传动，黄色指针向上摆动。同理，手柄向上抬起，指针则向下摆动。两个红色连杆与手柄和指针的连接也形成一个平行四边形机构。因此，手柄和指针也保持平行。如图 3-3 所示。

平行四边形

图 3-3

#2- 虹膜机构

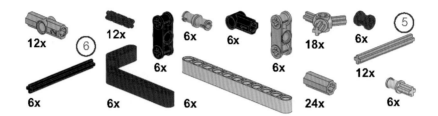

虹膜机构是一个花瓣状的叶片同步开合机构，可以在叶片中间形成一个直径可变的圆形开口。这个机构通常被光学设备中的光圈或快门所采用。

这个作品用乐高零件模拟虹膜机构的运行，成品如图 3-4 所示。乐高虹膜机构由两个六边形框架、黄色连杆和红色叶片等部件构成。当前虹膜机构为关闭状态。顺时针转动上方任意一个三叉轴，所有的红色叶片都会同步顺时针转动并打开。

虹膜机构打开到最大角度时的状态，如图 3-5 所示。要再次关闭叶片，则逆时针转动三叉轴即可。

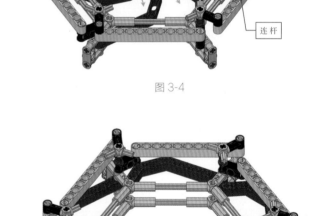

图 3-4

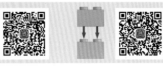

图 3-5

#3-Sarrus（萨吕）连杆

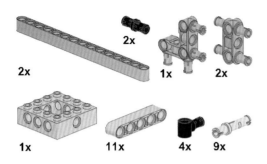

当红色和黄色连杆呈现一条直线的时候，黄色方框运行到最高点。当黄色方框与支架接触的时候，运动到最低点，如图 3-7（a）~（b）所示。

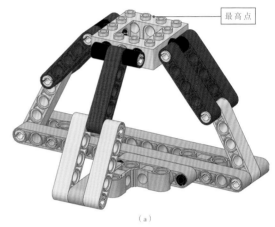

（a）

Sarrus 连杆由一个活动方框和若干组互相垂直的连杆构成。连杆之间相互制约和联动，黄色方框的运动被限制在垂直方向上的直线往复运动，如图 3-6 所示。

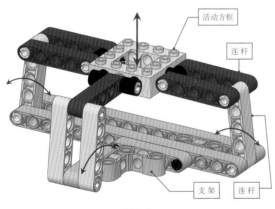

图 3-6

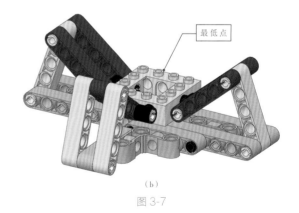

（b）

图 3-7

#4- 凸轮往复机构

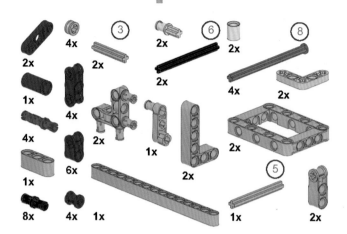

该机构由支架、活动框架和一个心形凸轮等部件构成。转动摇柄，心形凸轮将带动活动框架做往复摆动，如图3-8所示。

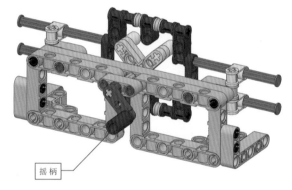

图3-9

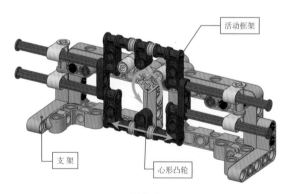

图3-8

凸轮往复机构背面结构如图3-9所示。凸轮往复机构的另外几个状态，如图3-10（a）~（b）所示。

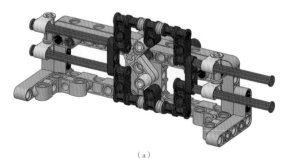

（a）

图3-10

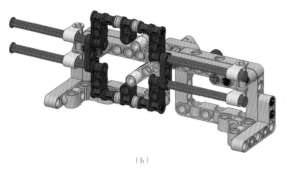

（b）

图 3-10（续）

#5- 对中机构

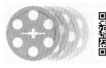

6x 2x 4x 14x 1x 1x ⑤ 2x

4x 6x ⑥ 3x 1x 1x 4x

4x 2x 4x 2x 2x 2x 1x 4x 4x

该机构由支架、手柄、滑块和连杆等部件构成。拨动底部的手柄，上方的绿色轮毂随同转动，带动蓝色连杆。蓝色连杆带动滑块直线移动，通过滑块再带动黄色连杆运动，最终驱动上方的四根红色摆臂同步摆动，如图3-11所示。

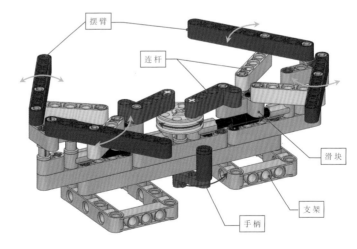

图 3-11

这个机构中的红色摆臂开合角度变化范围为 135° ～ 75°。手柄拨动到最左侧，角度为最小，拨到最右侧，角度为最大，如图 3-12（a）～（c）所示。该机构可以用于夹持圆形截面的工件，或将圆形截面工件自动对中。

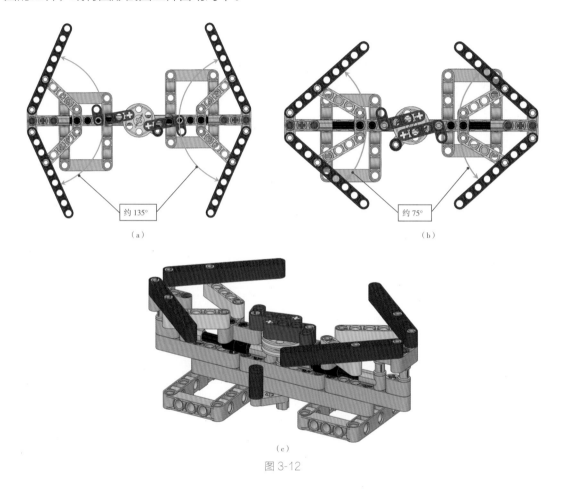

约 135°

（a）

约 75°

（b）

（c）

图 3-12

#6-Watt（瓦特）连杆

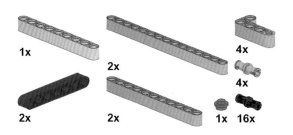

1x   2x   4x   4x

2x   2x   1x 16x

"瓦特连杆"最初是由英国传奇发明家兼工程师詹姆斯·瓦特所发明的，其示意图如图 3-13 所示。三根连杆互相牵制，中间的蓝色连杆无论如何运动，其中心孔始终保持直线运动。由于该连杆有这个特点，因此在机械结构和车辆设计中被广泛运用。

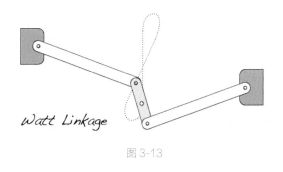

Watt Linkage

图 3-13

乐高版瓦特连杆的一个设计方案如图 3-14 所示，这个机构由框架和三根连杆组成。

将该连杆机构的几个状态合成在一张图上，可以看出，黄色连杆中心绿色圆点的运动轨迹基本保持在一条直线上，如图 3-15 所示。

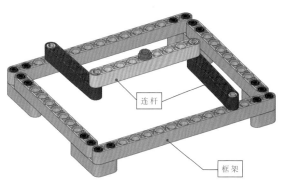

连杆

框架

图 3-14

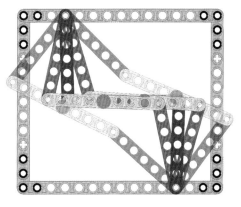

图 3-15

#7- 立式桨叶推进轮

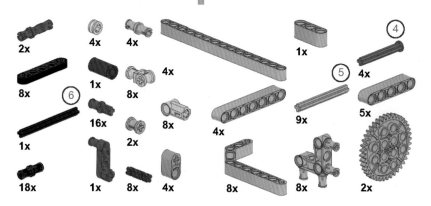

2x 4x 4x 1x 4x

8x 6 1x 8x 4x 5 4x 9x 5x

16x 8x 8x 4x

1x 2x

18x 1x 8x 4x 8x 8x 2x

该机构由框架、十字支架、叶片等部件构成。两个十字支架的转动轴心相差一个单位，二者之间用四个橙色曲柄相连接。橙色曲柄和前方的十字支架带动四个叶片运动。从后方的十字支架输入动力，带动前方十字支架运动，四个红色叶片的角度始终不变，如图 3-16 所示。

该机构背部结构如图 3-17 所示，动力输入方式为转动摇柄。

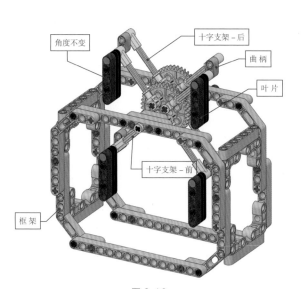

图 3-16

角度不变

十字支架 – 后

曲柄

叶片

十字支架 – 前

框架

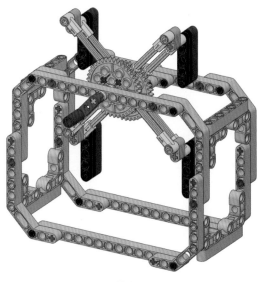

图 3-17

该机构的核心部分传动原理如图 3-18（a）~（c）所示。

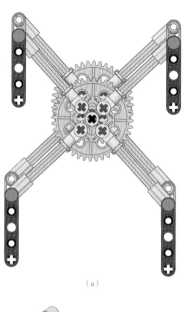

（a）

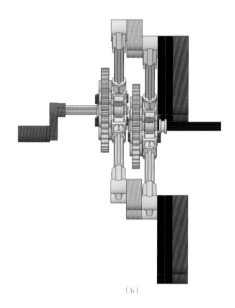

（b）

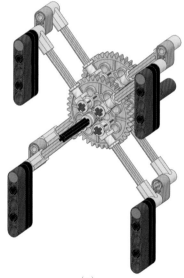

（c）

图 3-18

#8- 搅拌器

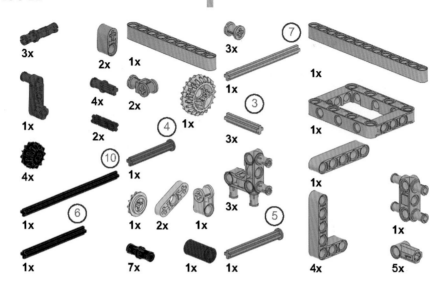

这款手摇搅拌器由支架、摇柄、传动系统和搅拌棒等部件构成。连续转动摇柄，搅拌棒将做连续的双曲面转动，如图 3-19 所示。

该机构运行时的几个状态，如图 3-20（a）～（d）所示。

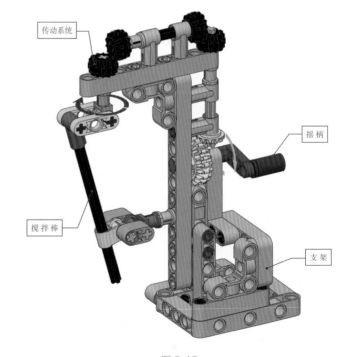

图 3-19

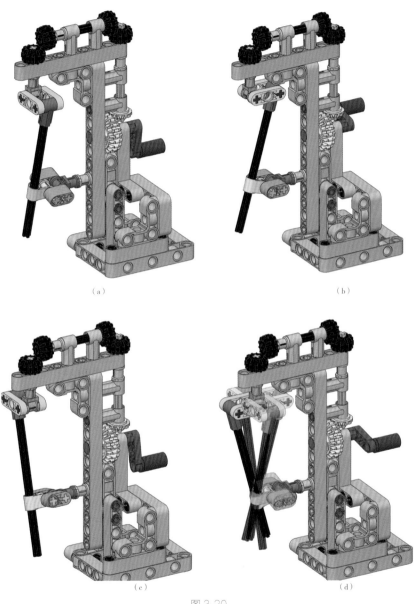

（a）　　　　　　　　　　　　　（b）

（c）　　　　　　　　　　　　　（d）

图 3-20

#9- 球面连锁机构

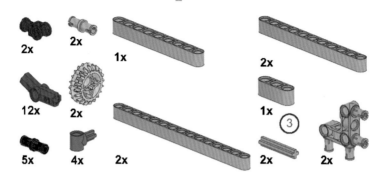

该机构由支架、三根弧形连杆和两个作为旋钮的 20T 齿轮等部件构成。转动任意一个旋钮，通过三根连杆的传动，另一侧的旋钮同方向等速转动，如图 3-21 所示。

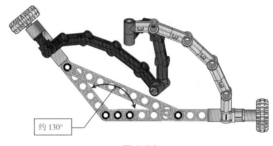

图 3-22

该机构连续转动时的另外几种状态，如图 3-23（a）~（b）所示。

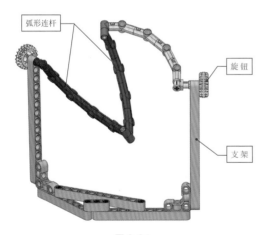

图 3-21

支架的底部框架是一个钝角三角形，两条边的夹角约为 130°。也就是说，黄色弧形连杆和红色弧形连杆转轴之间的夹角也是 130°，如图 3-22 所示。

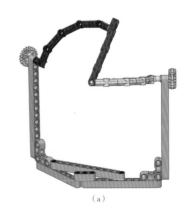

（a）

图 3-23

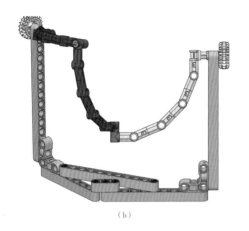

（b）

图 3-23（续）

#10- 平行四边形机构

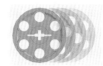

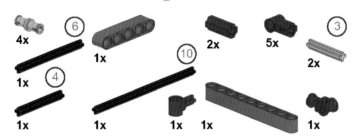

该机构是一个平行四边形与奥尔德姆机构的结合。推动上方的绿色连杆，平行四边形机构可以向左右两个方向摆动变形。右侧的滑块可以在两个滑轨之间滑动，如图 3-24 所示。

该机构的另外两种状态，如图 3-25（a）～（b）所示。

图 3-24

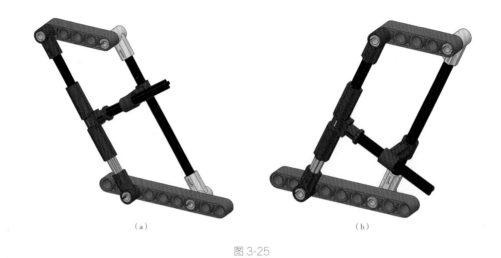

（a）　　　　　　　　　　　（b）

图 3-25

#11- 肘节机构

该机构由支架、曲柄、摇柄、连杆和滑块等部件构成。摇柄带动曲柄连续转动，三根红色连杆随之运动，右下方连杆与绿色滑块相连，绿色滑块将在滑轨上做往复移动，如图 3-26 所示。

图 3-26

（b）

该机构运行时的几个状态，如图 3-27
（a）～（c）所示。

（c）

图 3-27

（a）

#12- 齿轮连杆机构

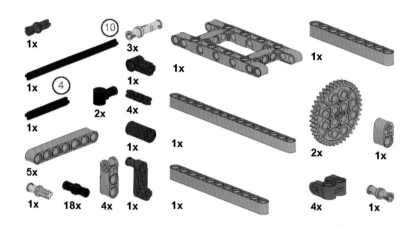

该机构由支架、齿轮、连杆和活塞等几个部件构成。两个40T齿轮相向转动，齿轮侧面的销带动红色和黄色连杆运动，连杆推动活塞做往复运动，如图3-28所示。

该机构背面的结构，如图3-29所示，下方的40T齿轮为主动齿轮，由同轴的摇柄驱动。

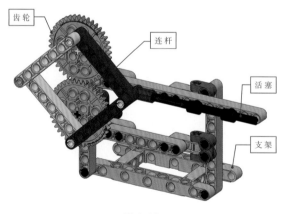

图 3-28

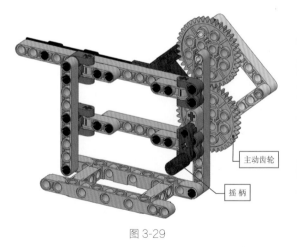

图 3-29

该机构运行时的另外两个状态，如图3-30（a）~（b）所示。

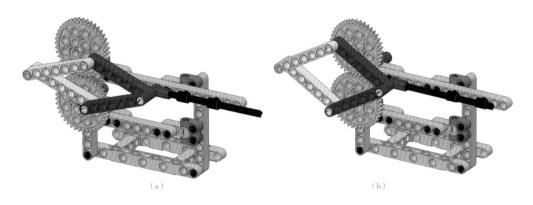

| （a） | （b） |

图 3-30

#13- 四连杆机构

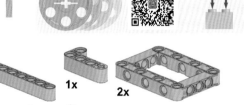

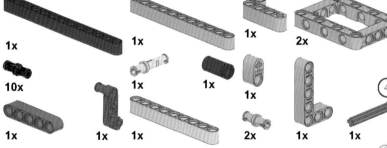

1x   1x   1x   2x

10x   1x   1x   1x   ④

1x   1x   1x   2x   1x   1x

该机构由支架、摇柄和三根连杆构成。绿色连杆在摇柄的驱动下连续转动，通过红色连杆带动黄色连杆做往复摆动，如图 3-31 所示。

该机构运行时的另外几个状态，如图3-32（a）~（c）所示。

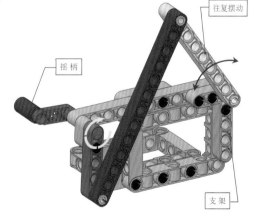

图 3-31

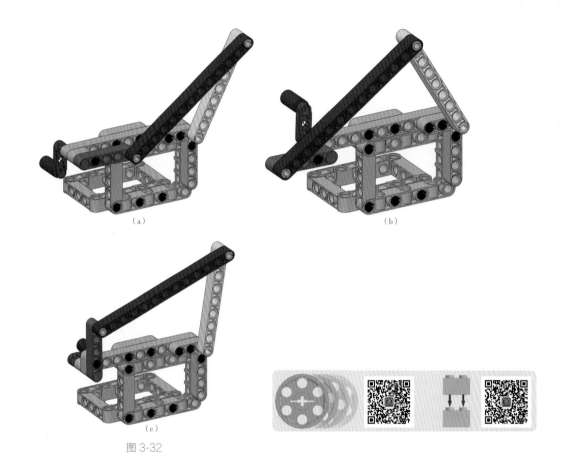

（a）　　　　　　　　　　　　　　（b）

（c）

图 3-32

#14- 雨刮器

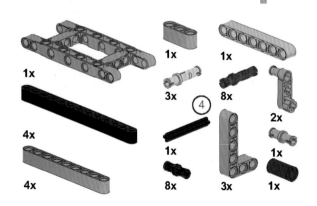

1x

1x

1x

3x

④

8x

1x

4x

2x

4x

8x

1x

3x

1x

该机构由支架、曲柄、连杆和刮片等部件构成。蓝色曲柄连续转动，带动黄色连杆运动，黄色连杆再带动由红色连杆和黑色刮片构成的平行四边形机构，形成两个刮片的同步往复摆动，如图 3-33 所示。

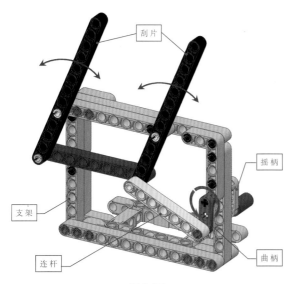

刮片

摇柄

支架

连杆

曲柄

图 3-33

刮片的摆动最大角度约为 65°，该机构运行时的另外几种状态，如图 3-34（a）~（c）所示。

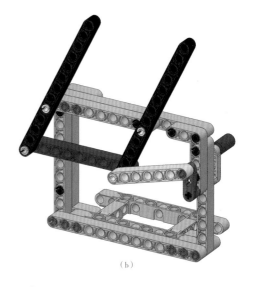

（b）

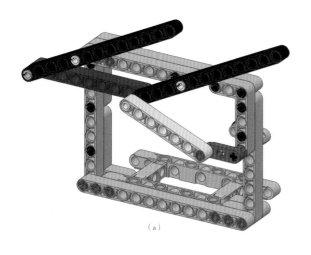

（a）

（c）

图 3-34

#15- 凸轮机构

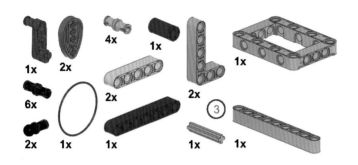

1x   2x   4x   1x   1x

6x

2x   1x   1x   1x   1x

该机构由支架、凸轮、压杆和橡筋等部件构成。摇柄带动凸轮连续转动，红色的压杆在两根黄色连杆和橡筋的作用下，始终压住凸轮，做上下往复运动，如图 3-35 所示。

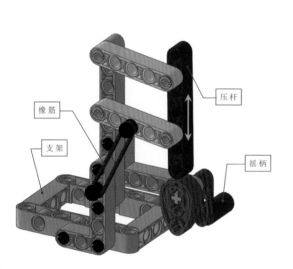

压杆

橡筋

支架

摇柄

图 3-35

该机构运行时的另外两个状态，如图 3-36（a）~（b）所示。

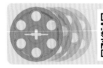

（a）

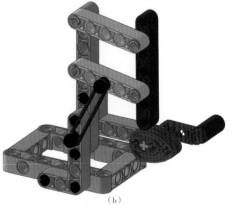

（b）

图 3-36

#16- 齿轮曲柄机构

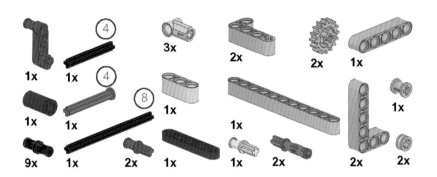

1x 1x ④ 3x 2x 2x 1x

1x 1x ⑧ 1x 1x 1x

9x 1x 2x 1x 1x 2x 2x 2x

该机构由支架、活塞、连杆、曲柄、摇柄和齿轮等部件构成。连续任意方向转动摇柄，黄色的曲柄会带动上方的 16T 从动齿轮绕主动齿轮转动，同时带动红色连杆运动，红色连杆带动活塞做往复运动，如图 3-37 所示。

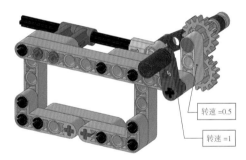

图 3-38

该机构运行时的几个状态，如图 3-39（a）～（c）所示。

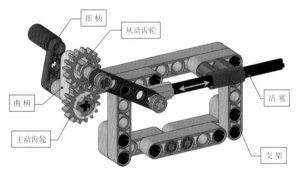

图 3-37

该机构的背面结构如图 3-38 所示，其中蓝色摇柄的转速为黄色曲柄的 2 倍。

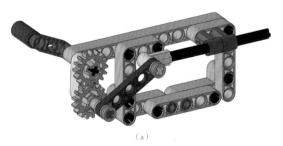

（a）

图 3-39

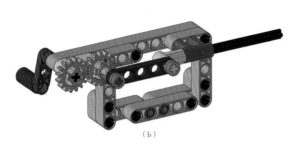

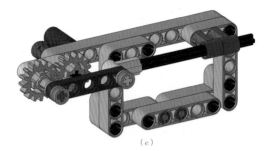

（b）　　　　　　　　　　　　　　　　（c）

图 3-39（续）

#17- 连杆机构

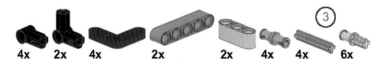

4x　　2x　　4x　　2x　　　　2x　　4x　　4x　　6x

　　该机构由两个 5×5 直角框架、红色直角梁和两种规格的连杆等部件构成。转动直角梁，通过连杆的动力传递，这个机构的外形可以在 H 形和 Z 形之间转换，如图 3-40 所示。

该机构的背面结构，如图 3-41 所示。

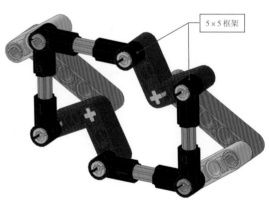

5×5 框架

图 3-41

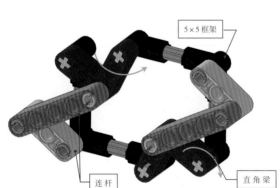

5×5 框架

连杆

直角梁

图 3-40

该机构变形的两个结果——Z 形和 H 形，如图 3-42 所示。

Z形 H形

图 3-42

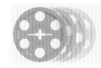

#18- 系缆钩

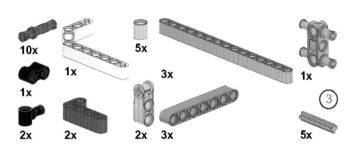

该机构是一款设计巧妙的挂缆绳工具，用于在码头远距离挂缆绳，它可以把缆绳穿过封闭的缆钩。该机构由把手、叉口、横栓和缆绳等部件构成，如图 3-43 所示。

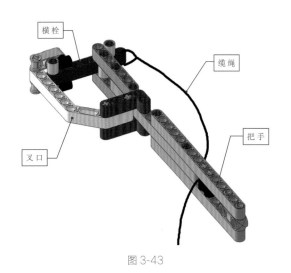

图 3-43

轴心就切换到了右侧。再向外拉系缆叉的时候，横栓就从里向外打开，把缆环放出去，缆绳得以从缆环中穿过，如图 3-45（a）~（b）所示。

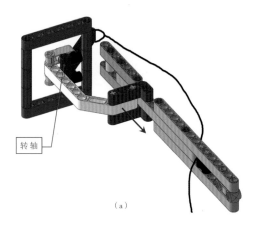

（a）

红色的横栓可以在叉口的两个支点上做转动。当系缆叉叉口推向封闭缆环时，横栓的转动轴心在叉口右侧，横栓向叉口内转动，缆环得以进入叉口，如图 3-44 所示。

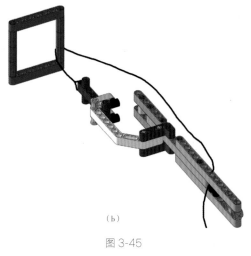

（b）

图 3-45

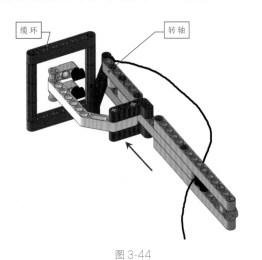

图 3-44

当缆环进入到叉口中之后，横栓的转动

#19- 线性推杆和平行四边形机构

3x

1x

1x

1x

⑤

1x

1x

2x

1x

1x

8x

该机构由线性推杆、齿轮、旋钮和两组平行四边形机构构成。如果顺时针转动旋钮，通过两个齿轮的传动，将动力传递给线性推杆，推杆向外伸出。推杆带动平行四边形机构产生变形，最左侧的蓝色连杆逆时针摆动。推杆伸出一半的状态，如图3-46所示。

逆时针转动旋钮，推杆将向内收缩。推杆完全收缩时，蓝色连杆与水平面的夹角约为90°，如图3-47所示。

推杆完全伸出时，蓝色连杆与水平面的夹角约为0°，如图3-48所示。

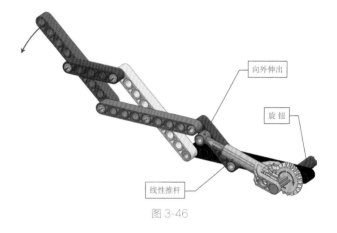

向外伸出

旋钮

线性推杆

图 3-46

完全收缩

图 3-47

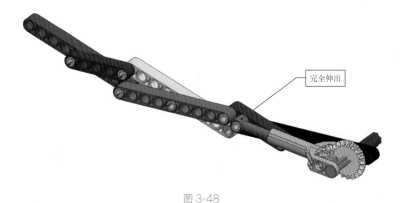

图 3-48

#20- 波塞利连杆 -1

2x   1x   2x   1x   ③   1x

1x   1x   2x   1x   4x

这是波塞利（Peaucellier）连杆的一种变形机构，由摇柄、曲柄和六根连杆构成。摇柄连续转动，带动橙色曲柄转动，通过两根连杆的传动，两个红色连杆顶端交汇点的运行轨迹大致是一条直线，如图 3-49 所示。

该机构运行时的另外几个状态，如图 3-50（a）~（c）所示。

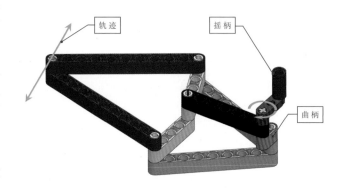

图 3-49

（a）

（b）

（c）

图 3-50

#21- 风筝机构

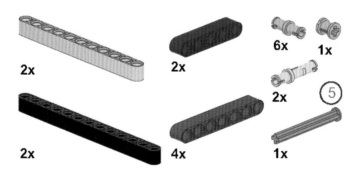

2x

2x

6x

1x

2x

2x

⑤

4x

1x

1x

该机构由 10 根穿插连接的连杆构成。同时转动底部的两根蓝色连杆，在连杆的相互作用下，该机构会产生形状改变。外侧的两根黑色连杆的位置是对称同步变化的，如图 3-51所示。

图 3-51

该机构变形的两个极限位置状态——最
宽和最窄，如图 3-52（a）~（b）所示。

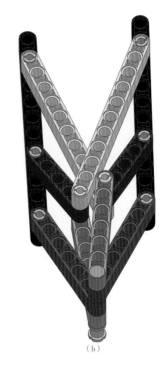

（b）

图 3-52

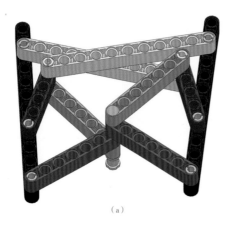

（a）

#22- 折扇机构

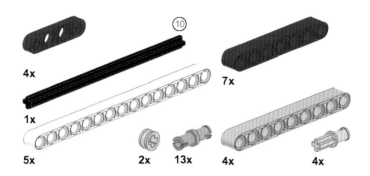

该机构由 18 根连杆、轴和销等部件构成。转动两侧的白色连杆，整个机构像折扇一样均匀打开或闭合，如图 3-53 所示。

图 3-53

在这款折扇机构中，白色的 15 孔梁作为扇骨。与真实的折扇采用扇面连接扇骨不同，折扇机构采用连杆连接相邻的扇骨，如图 3-54 所示是折扇机构的一个基本折叠单元。

图 3-54

当位于中间的红色连杆与外侧的白色连杆紧靠在一起时，折叠机构的夹角最小，两侧白色连杆的夹角约为 30°。当中间红色连杆与黄色连杆夹角为 90° 时，折叠单元达到最大展开角度，两侧白色连杆的夹角约为 90°，如图 3-55 所示。

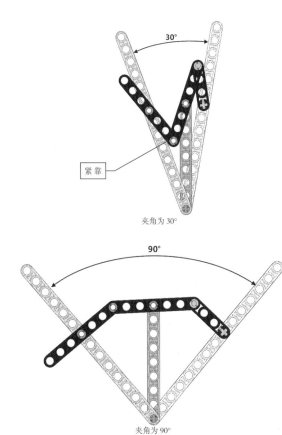

30°

紧靠

夹角为30°

90°

夹角为90°

图 3-55

该机构的最大打开角度约为 360°，如图 3-56 所示。

图 3-56

#23- 波塞利连杆 -2

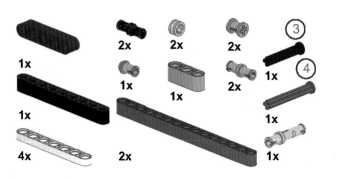

该机构由红色曲柄和六根连杆组成。转动红色曲柄，六根连杆相互作用，两根黄色连杆的交汇点的运行轨迹是一条直线，如图 3-57 所示。

图 3-58（续）

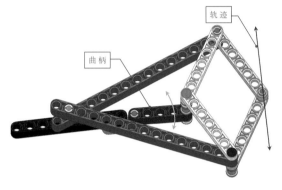

图 3-57

黄色连杆交点的运行轨迹接近直线，如图 3-59 所示。

该机构的曲柄运行到最高点和最低点的状态，如图 3-58 所示。

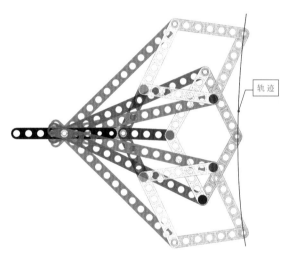

图 3-59

最高点

图 3-58

#24- 非等边平行四边形机构

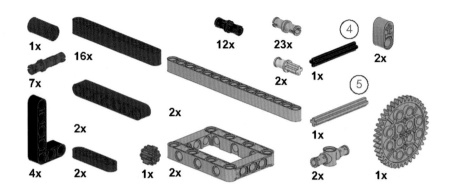

1x   16x   12x   23x   ④ 2x

7x   1x   ⑤

2x   2x   1x

4x   2x   1x   2x   2x   1x

该机构由支架、曲柄、连杆和弧形伸缩结构等部件构成。这里的弧形伸缩结构是一种非等比四边形机构，与等边四边形不同的是，它的伸缩轨迹是一个圆弧。通过摇柄一

8T 齿轮—40T 齿轮—曲柄和连杆的动力传递路径，最终带动弧形伸缩结构做往复弧形伸缩运动，如图 3-60 所示。

该机构的背面结构，如图 3-61 所示。

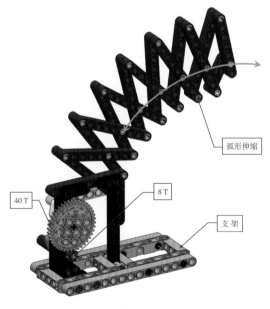

弧形伸缩

40 T

8 T

支架

图 3-60

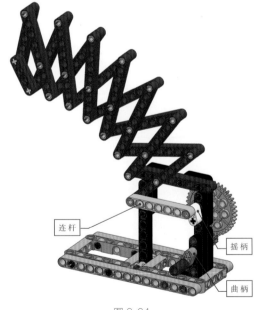

连杆

摇柄

曲柄

图 3-61

当白色曲柄转动到与绿色连杆重叠位置时，弧形伸缩结构展开为最大状态，如图3-62所示。

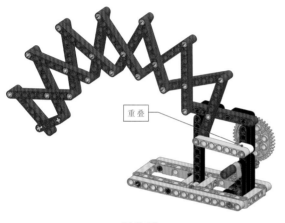

图 3-63

图 3-62

重叠

共线

当白色曲柄转动到与绿色连杆共线的位置时，弧形伸缩结构收缩为最小状态，如图3-63所示。

#25- 双平行四边形机构

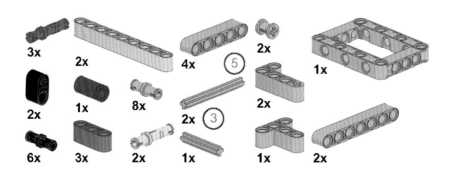

该机构由支架、摇柄、曲柄和两组平行四边形连杆等部件构成。连续转动摇柄，通过曲柄带动两组平行四边形机构运动，形成绿色连杆的往复摆动，如图 3-64 所示。

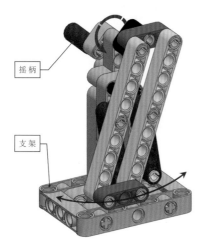

图 3-64

该机构的背面结构，如图 3-65 所示。

图 3-65

该机构运行时的另外两个状态，如图 3-66（a）~（b）所示。

（a）

（b）

图 3-66

第4章

乐高传动机构

#1- 球头连接器

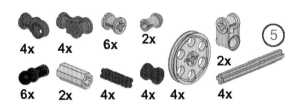

4x	4x	6x	2x		
				2x	⑤
6x	2x	4x	4x	4x	4x

该机构由球头、铰链和传动轴等部件构成,用于可变角度传动,两端的轴在0°～90°夹角范围内都可以进行传动。当前两端轴的夹角为135°,如图4-1(a)～(b)所示。

该机构允许传动的最小夹角为90°,最大角度为180°,如图4-2(a)～(b)所示。

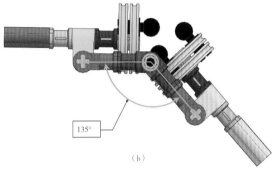

（b）

图 4-1（续）

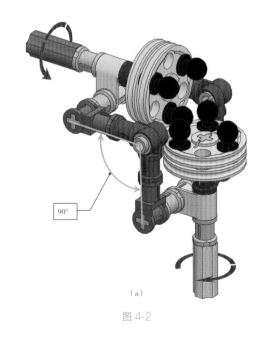

（a）

图 4-2

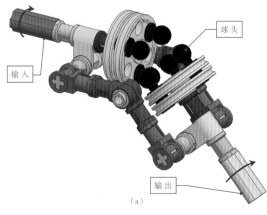

（a）

图 4-1

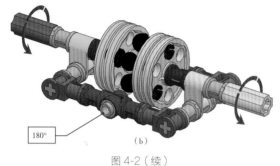

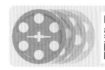

180°

（b）

图 4-2（续）

#2- 活动联轴节

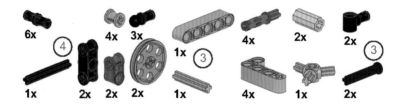

该机构由球头联轴器、三叉联轴器和滑轨等部件构成。三叉联轴器可以通过滑轨做直线滑动，二者如果靠近，则动力可以从黄色轴传递到绿色轴。如图 4-3 所示为二者分离状态，动力无法传递。

当三叉轴沿滑轨向左滑动到与球头联轴器紧靠时，二者的动力传递被连通，如图 4-4 所示。二者结合的过程允许其中一方处于转动状态。

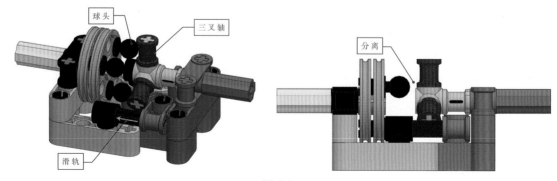

球头

三叉轴

分离

滑轨

图 4-3

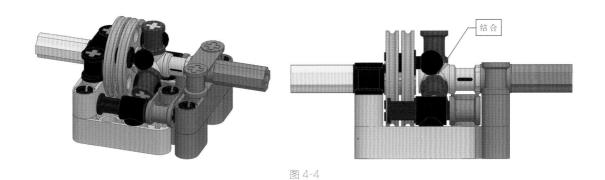

图 4-4

#3- 霍布森联轴器

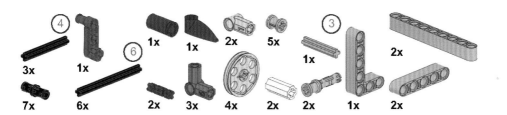

该机构由支架、摇柄、传动关节和传动片等部件构成。该机构可用于带有角度的传动，摇柄驱动黄色传动片，通过三个传动关节和黑色的轴，将动力传递给绿色的传动片，两端的轴同向转动。如图 4-5（a）~（b）所示为 90°角传动的霍布森关节。

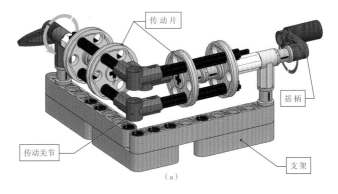

图 4-5

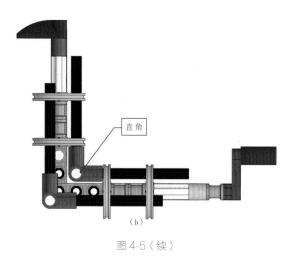

直角

（b）

图 4-5（续）

该机构可以实现任意角度的轴传动，如图 4-6 所示为 135°夹角的轴传动。

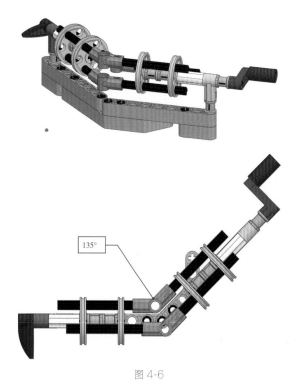

135°

图 4-6

#4- 奥尔德姆联轴节

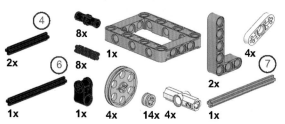

该机构由支架、滑动关节和固定关节等部件构成，它用于平行但不共线的轴之间的动力传递。活动关节的中间有一个可以滑动的轴，可以在该关节中自由滑动，它通过一个交叉块与固定关节动态连接，如图4-7（a）~（b）所示。

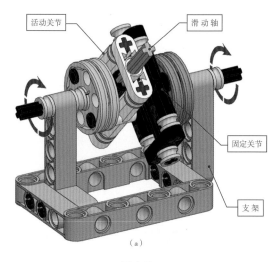

活动关节　　　滑动轴

固定关节

支架

（a）

图 4-7

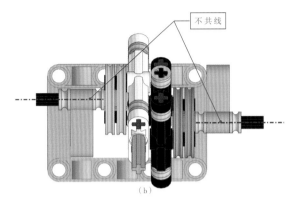

不共线

（b）

图 4-7（续）

两种关节的传动原理如图 4-8 所示。左侧为滑动关节，中间的轴可以做直线滑动，轴的中间安装了一个交叉块，与该轴是相对固定的。固定块中心的轴是不可滑动的，交叉块一端的圆孔套在固定块的中轴上，可以在中轴上滑动。

该机构运行时两个极限位置的状态，如图 4-9（a）~（b）所示。

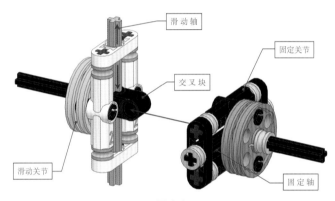

滑动轴

固定关节

交叉块

滑动关节

固定轴

图 4-8

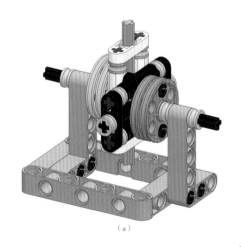

（a）

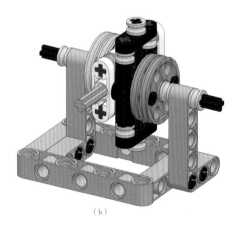

（b）

图 4-9

#5- 施密特联轴节

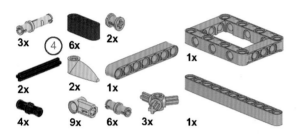

该机构由支架、3个三角联轴节和6根连杆等部件构成。该机构通过三角形联轴节带动连杆逐级传递动力，可以做偏移量较大的非同轴动力传递，如图4-10所示。

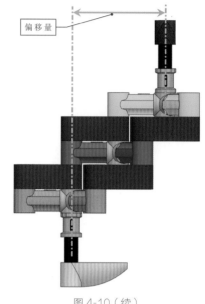

图 4-10（续）

该机构运行时的另外两个状态，如图4-11（a）～（b）所示。

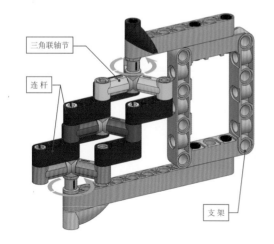

图 4-10

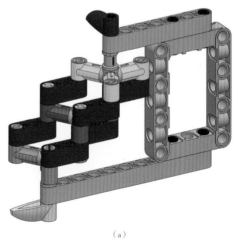

（a）

图 4-11

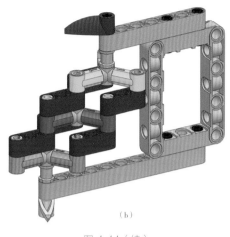

（b）

图 4-11（续）

#6- 直角传动机构

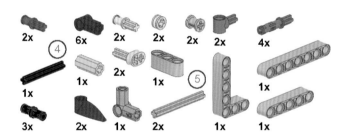

该机构由支架、传动轴、曲轴和传动块等部件构成，可以实现垂直轴同向转动的动力传动。在运行过程中，传动块会在滑轨上做往复摆动和上下滑动，如图 4-12 所示。

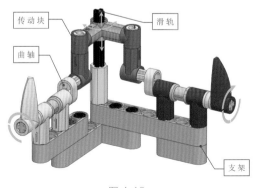

图 4-12

该机构运行时的另外两个状态，如图 4-13 所示。

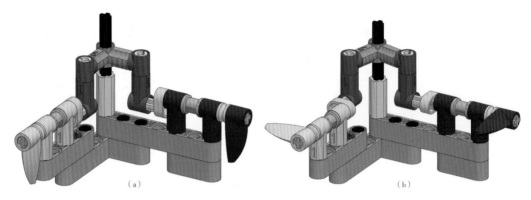

（a）　　　　　　　　　　　　（b）

图 4-13

#7- 曲柄往复机构

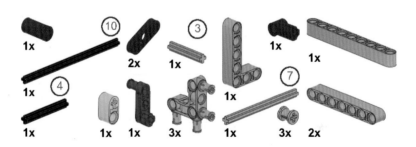

该机构由框架、摇柄、曲柄、滑块和方框等部件构成。连续转动摇柄，带动曲柄转动，曲柄通过滑块带动方框做往复摆动，如图 4-14 所示。

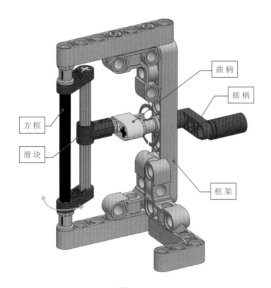

图 4-14

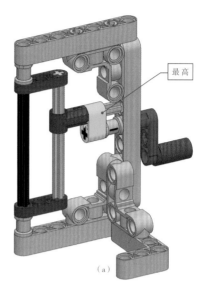

（a）

在图 4-14 中，曲柄转动到水平位置，方框摆动到逆时针方向最大角度，约为 30°，如图 4-15 所示。

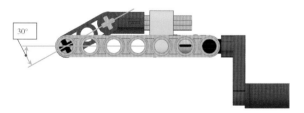

图 4-15

当曲柄转动到最上方和最下方位置时，方框的摆动角度为 0°，如图 4-16 (a) ~ (b) 所示。

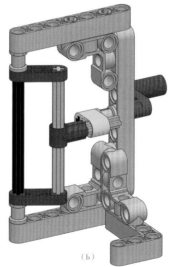

（b）

图 4-16

#8- 马耳他十字

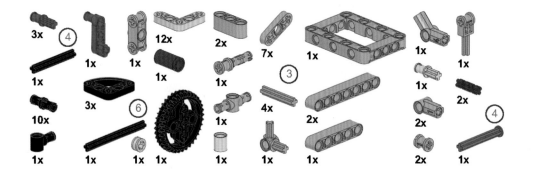

3x ④ 1x 1x 12x 1x 2x 7x 1x 1x 1x

1x 3x ⑥ 1x 1x ③ 4x 1x 2x 2x

10x 1x 1x 1x 1x 1x 1x 1x 2x ④

1x 1x 1x 1x 1x 1x 1x 2x 1x

马耳他十字是一种间歇性凸轮传动机构，该机构由支架、凸轮和十字轮等部件构成。凸轮连续转动，十字轮做间歇转动，如图4-17所示。

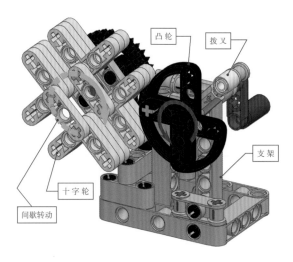

图 4-17

十字轮和凸轮之间有两种配合状态，如图4-18所示为锁止状态。凸轮转动，但是

十字轮被凸轮的轮廓锁止。

图 4-18

当凸轮上的拨叉切入十字转盘的滑槽中时，凸轮将带动十字转盘转动，如图4-19所示。

当拨叉带动十字转盘转动到如图4-20所示的位置时，二者脱离，十字转盘将被再次锁止。凸轮每转动360°会拨动十字转盘一次，带动其转动90°。

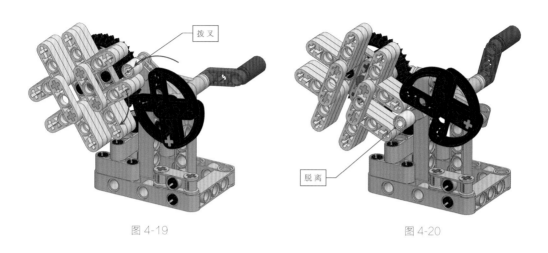

图 4-19   图 4-20

拨叉

脱离

#9- 震荡机构

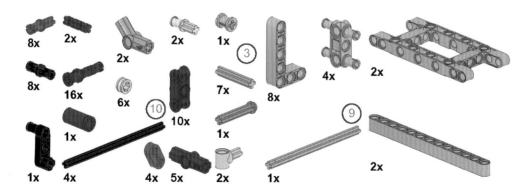

该机构由框架、摇柄、曲轴和笼形框架等几个部件构成。摇柄连续转动，带动曲轴转动，曲轴中间的连杆做双锥形转动，带动笼形框架做往复转动，如图 4-21 所示。

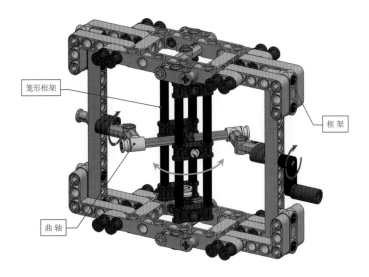

图 4-21

曲轴的转动原理如
图 4-22 所示。两端的转
轴在一条直线上，中间连
杆的运动范围是两个圆锥
形。当曲轴转动到水平方
位时，笼形框架达到最大
偏转角度45°，如图4-23
（a）~（b）所示。

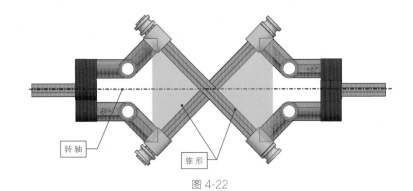

图 4-22

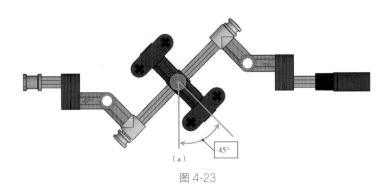

图 4-23

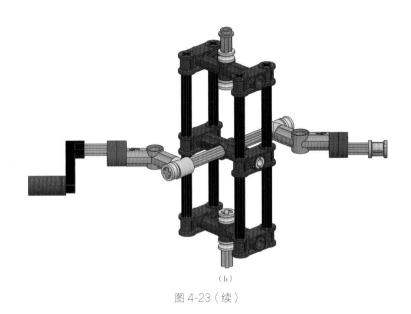

（b）

图 4-23（续）

当曲轴转动到垂直方位时，笼形框架的偏转角度为 0°，如图 4-24 所示。

图 4-24

#10- 快速返回机构

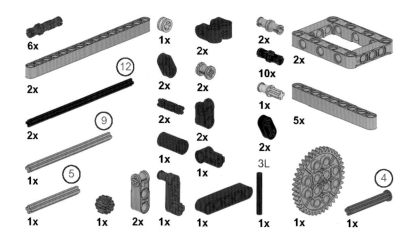

该机构由框架、齿轮曲柄、摆臂、连杆、滑块和滑轨等部件构成。曲柄连续转动带动8T齿轮转动，通过8T齿轮—40T齿轮—销—摆臂—连杆—滑块的动力传递路径，最终使滑块在滑轨上做往复直线滑动。

由于销是在摆臂之间滑动，当销处于较低位置时，摆臂的摆动半径变大，因此造成滑块的滑动速度变大。当销处于较高位置时，摆臂的摆动半径变小，滑块的运动速度则变慢。如果40T齿轮是逆时针转动的，滑块从左向右滑动时速度较快，从右向左滑动时速度较慢。滑块滑动到最右侧的状态，如图4-25所示。

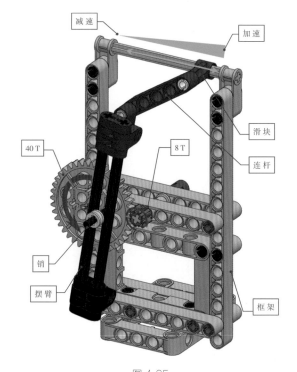

图 4-25

该机构运行时的一个极限位置是，40T齿轮上的销转动到最左侧时，滑块运动到最左侧，如图 4-26 所示。

当销位于最高点和最低点时，滑块位于滑轨中间，如图 4-27 所示。

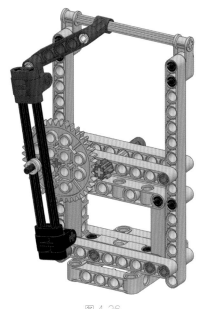

图 4-26

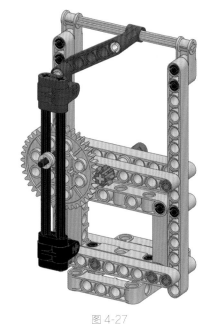

图 4-27

#11- 凸轮滑块机构

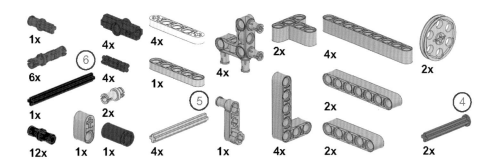

该机构由框架、方框滑块、水平滑轨、垂直滑轨和凸轮等部件构成。凸轮绕非圆心位置的转轴连续转动，方框滑块在两个方向滑轨的约束下只能做圆形轨迹的连续运动，如图 4-28 所示。

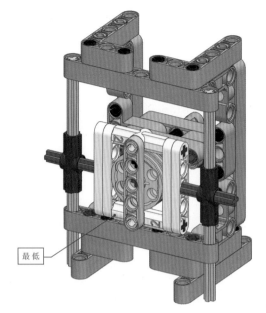

图 4-29

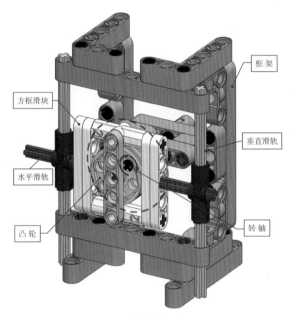

图 4-28

当凸轮转动到最高和最低方位时，方框滑块也相应运动到最高和最低位置，如图 4-29 所示为方框滑块的最低位置。

当凸轮转动到最左和最右方位时，方框滑块也相应运动到最左和最右位置，如图 4-30 所示为方框滑块的最左位置。

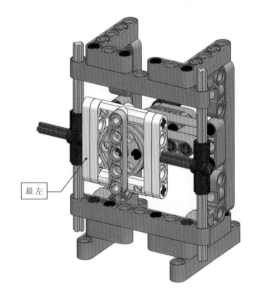

图 4-30

#12- 勒洛三角形机构

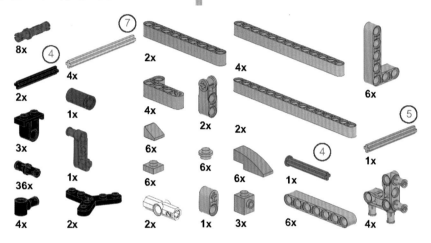

8x ④ ⑦
4x
2x 2x 4x 6x
2x 1x ⑤
4x 2x 2x
6x ④
3x 6x 1x 1x
36x 6x 6x 3x 6x 4x
4x 2x 2x

该机构由框架、方框滑块、水平滑轨、垂直滑轨和三角形凸轮等部件构成。三角形凸轮在方框滑块的约束下，其一个顶点的运动轨迹为近似正方形，如图 4-31 所示。

该机构中的三角形凸轮是核心部件。这个三角形凸轮的轮廓被称为勒洛三角形（Reuleaux triangle），其轮廓是从等边三角形的三个顶点分别绘制三段圆弧，圆弧的半径与三角形边长相同。这种三角形的特点是：在任何方向上的宽度都相同，如图 4-32 所示。

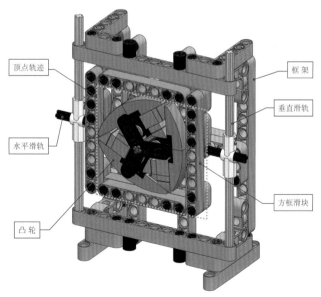

图 4-31

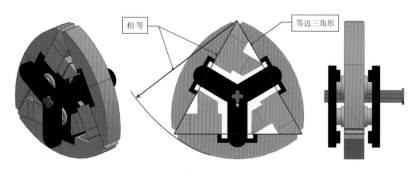

相 等　　　　　　　等边三角形

图 4-32

该机构背面的结构如图 4-33 所示，勒洛三角形通过一个曲柄带动其中心做圆周形转动。

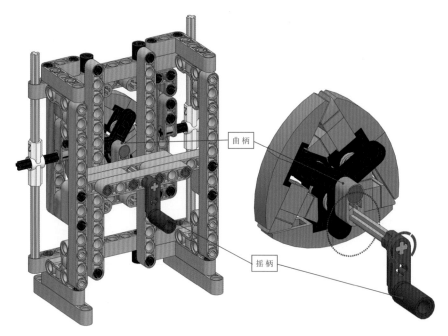

曲柄

摇柄

图 4-33

#13- 沟槽凸轮机构

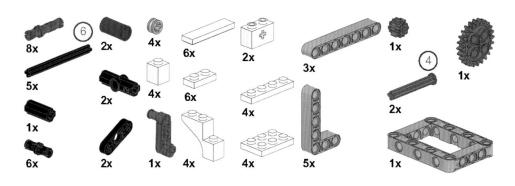

8x	⑥	2x	4x	6x	2x	3x	1x
5x		2x	4x	6x	4x	④	1x
1x		2x	1x	4x	4x	2x	
6x					5x	1x	

该机构由支架、滑块、沟槽凸轮、齿轮和摇柄等部件构成。连续转动摇柄，沟槽凸轮将与摇柄反方向转动，滑块上的黄色导杆将随沟槽移动，带动滑块做间歇往复运动。当导杆位于凸轮曲线沟槽部分时，滑块做直线移动，如图 4-34 所示。

核心部件沟槽凸轮外形呈长方体，四面带有对称的沟槽，两侧为直线沟槽，另外两侧为 S 形曲线沟槽，如图 4-35 所示。

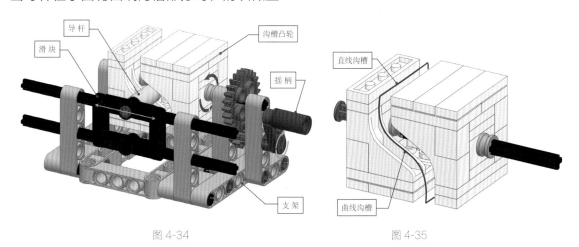

图 4-34

图 4-35

当导杆位于沟槽凸轮直线沟槽部分时，滑块处于静止状态，滑块运行到最右侧位置且位于最大行程位置，如图 4-36 所示。

直线沟槽部分的另一个极限位置为，当前滑块位于最左侧位置，且处于静止状态，如

图 4-37 所示。

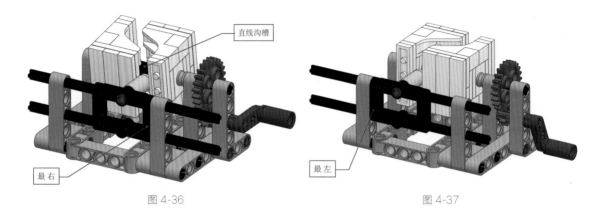

图 4-36　　　　　　　　　　　　　图 4-37

#14- 链条往复机构

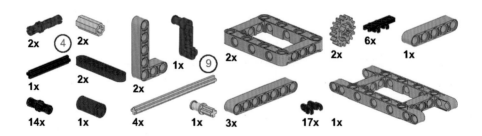

该机构由支架、滑块、链条、履带节、齿轮和摇柄等部件构成。摇柄连续转动，带动链轮，驱动链条转动，链条中间有 6 节连续的履带节。履带节在一个转动周期里，两次推动滑块做直线运动，也有两次间歇停顿。如图 4-38 所示为链条逆时针转动，此时履带节推动滑块向右侧滑动。

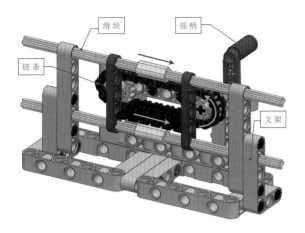

图 4-38

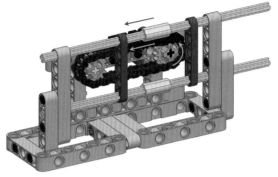

图 4-40

当履带节随链条运动到最右侧位置时，滑块也滑动到最右侧，同时停止滑动，如图 4-39 所示。

当履带节随链条运动到如图 4-41 所示的位置时，滑块滑动到最左侧，同时停止滑动。

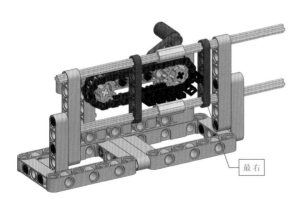

图 4-39

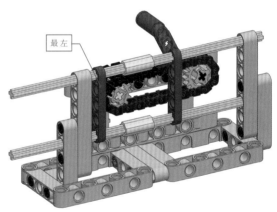

图 4-41

当履带节随同链条运动到如图 4-40 所示的位置时，将推动滑块向左运动。

#15- 链条升降机构

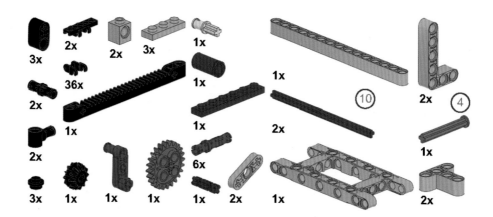

3x 2x 2x 3x 1x

36x 1x 1x

2x 1x 1x 2x

2x 2x 1x

3x 1x 1x 1x 1x 2x 1x 2x

⑩ ④

该机构由支架、链条、滑块、滑轨、齿轮和齿条等部件构成。转动摇柄，通过同轴的齿轮驱动齿条做直线运动，齿条一端的齿轮带动链条。链条一端固定在支架上，另一端的滑块沿滑轨做直线运动。如图 4-42 所示为摇柄逆时针转动，齿条向上移动，滑块沿滑轨向上滑动。

该机构的另一个角度，如图 4-43 所示。

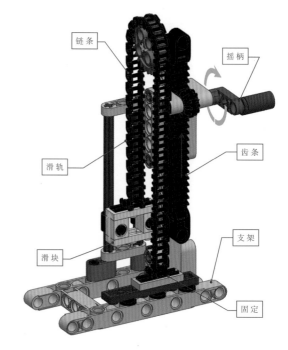

链条
摇柄
滑轨
齿条
滑块
支架
固定

图 4-42

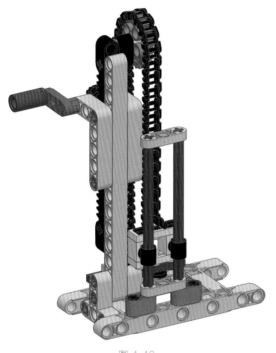

图 4-43

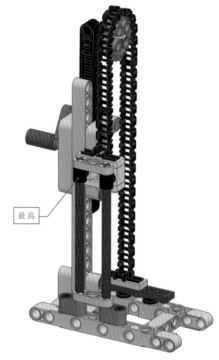

最高

图 4-44

如图 4-44 所示为滑块滑动到滑轨顶部的情况。

#16- 复杂链条传动

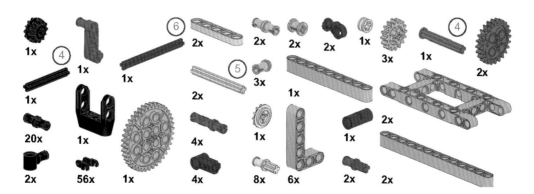

该机构由支架、链条、齿轮、摇柄和变速箱等部件构成。转动摇柄，通过变速箱的传动，驱动支架上方的 16T 主动齿轮转动，带动链条运动，链条带动另外五个齿轮转动。如图 4-45 所示为摇柄顺时针转动时链条和齿轮的转动方向，两个活塞和屈伸机构也随同齿轮的转动做相应的运动。

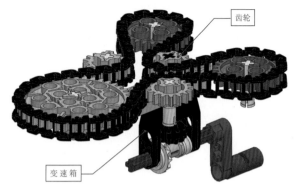

图 4-46

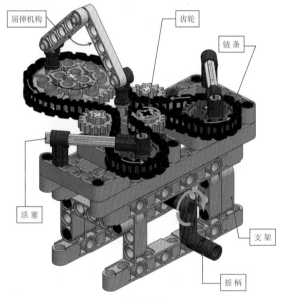

图 4-45

图 4-47

该机构的传动原理如图 4-46 所示。曲柄的动力通过一个变速箱改变方向，传递到上方水平安装的 16T 主动齿轮，该齿轮带动链条运动。

该机构运行时的另一个状态，主要变化体现在屈伸机构和活塞的状态，如图 4-47 所示。

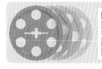

#17- 链条行星齿轮传动机构

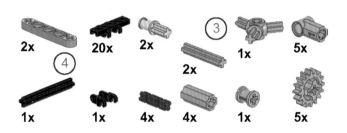

2x　**20x**　**2x**　③　**1x**　**5x**

④　**2x**

1x　**1x**　**4x**　**4x**　**1x**　**5x**

该机构由支架、链条和齿轮等部件构成。3 个 16T 齿轮形成一个等边三角形排布，外围的履带链条在底部有一个缺口，被立柱所约束，无法转动。这个链条就成了一个柔性的外齿圈，成为行星齿轮系统中的太阳轮，3 个 16T 齿轮成了行星轮，如图 4-48 所示。

该机构背面的结构如图 4-49 所示。该机构两端的轴均可输入动力。两端轴的转速比约为 1 : 3.5。例如黄色轴一端的转速为 1，那么红色轴一端的转速就为 3.5。

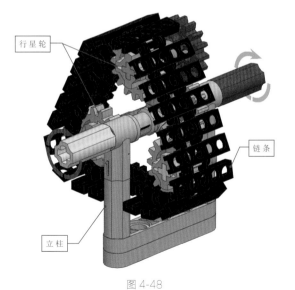

行星轮

链条

立柱

图 4-48

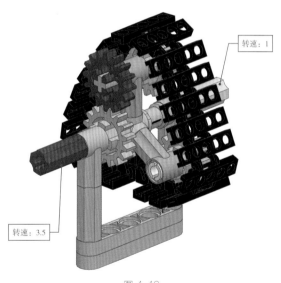

转速：1

转速：3.5

图 4-49

该机构运行时履带的形状会随三个行星轮的位置来变化，但它并不会转动，如图 4-50 所示。

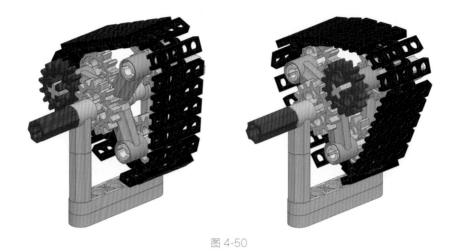

图 4-50

#18- 日内瓦（Geneva Indexer）机构

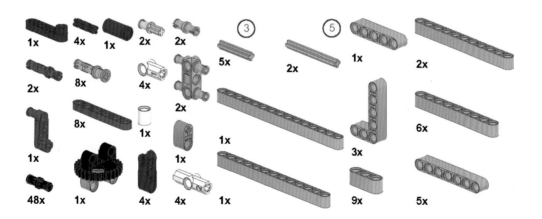

该机构由框架、曲柄、连杆、摇柄扣十字滑槽等部件构成。连续逆时针转动摇柄，摇柄带动一套曲柄连杆机构，连杆顶端拨杆的运行轨迹近似一个扇形，拨动十字滑槽做间歇逆时针转

动。反之，摇柄顺时针转动，十字滑槽则逆时针转动，如图 4-51 所示。

当曲柄转动到最上方的时候，拨杆从当前滑槽中脱离，如图 4-53 所示。

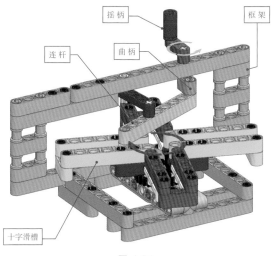

图 4-51

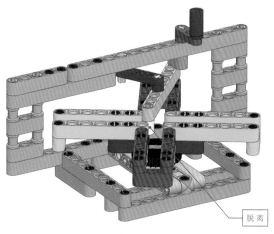

图 4-53

下面介绍该机构运行时的几个状态。当曲柄转动到最右侧时，黄色连杆顶端的拨杆带动十字滑槽逆时针转动，如图 4-52 所示。

当曲柄转动到最左侧位置时，拨杆切入下一个滑槽（蓝色）之中，如图 4-54 所示。

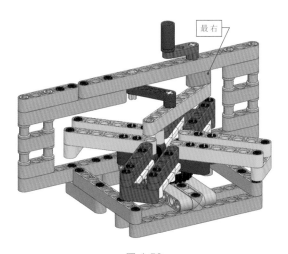

图 4-52

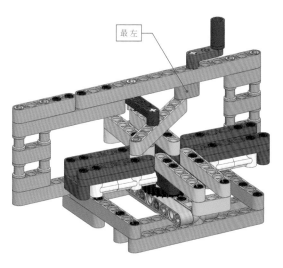

图 4-54

#19- 六角星拨叉

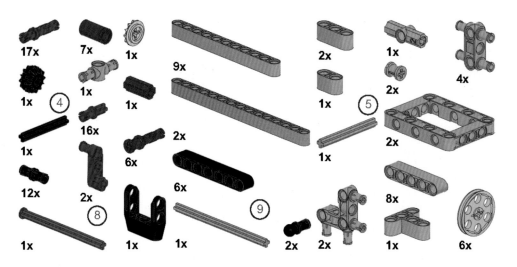

17x   7x   1x

9x   2x   1x

4x

1x   (4)   1x   1x   1x   2x

1x   16x   (5)   2x

1x   2x   1x

12x   6x   6x   8x

(8)   (9)

1x   1x   1x   2x   2x   1x   6x

该机构由支架、六角转盘、拨叉和变速箱等部件构成。顺时针转动摇柄，通过一个曲柄带动橙色拨叉做 60°范围内的往复扇形运动。拨叉拨动六角转盘，做间歇顺时针转动。如图 4-55 所示，当前状态为拨叉带动六角转盘逆时针转动。

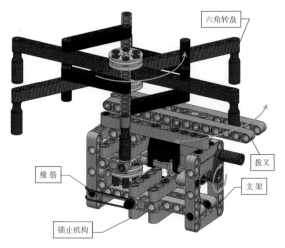

六角转盘

拨叉

橡筋

支架

锁止机构

图 4-55

图 4-55 中的锁止机构，利用橡筋的弹力产生持续的压力，用于锁止六角转盘的转动角度，使其每次转动的角度均为 60°。

当拨叉带动六角转盘转动到框架中心线右侧 30° 位置时，到达其逆时针摆动的极限位置，拨叉与六角转盘脱离。之后，拨叉将顺时针向回摆动，前往顺时针方向的极限位置。这个过程中，转盘是静止的，如图 4-56（a）~（b）所示。

当拨叉逆时针摆动到框架中心左侧 30° 位置时，达到其极限位置，六角转盘的拨棍将切入到拨叉中。之后，拨棍将带动六角转盘逆时针摆动，如图 4-57（a）~（b）所示。

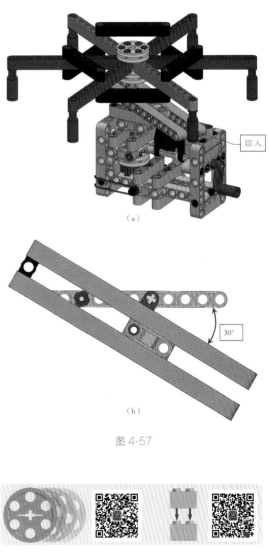

（a）

图 4-57

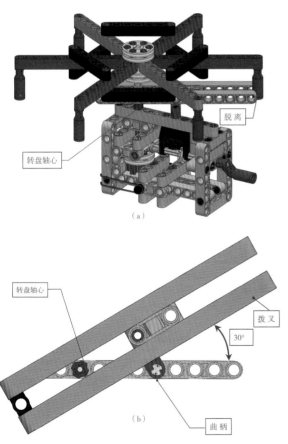

（a）

（b）

图 4-56

#20- 六角转盘

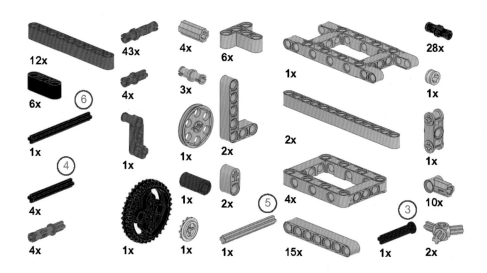

12x
43x
4x
6x
28x

6x
⑥

1x
1x

4x
3x

1x
1x

1x

1x
2x
2x
1x

④

1x

4x
2x
4x
10x

⑤

4x
1x
1x
1x
15x
1x
2x

3x

该机构由框架、六角转盘和三叉拨杆等部件构成。连续转动摇柄，通过齿轮系统带动三叉拨杆转动，三叉拨杆上的黄色滑块在六角转盘的沟槽中滑动，带动其转动。摇柄转动方向和六角转盘的转动方向是一致的，如图4-58所示。

该机构背面的结构，如图4-59所示。

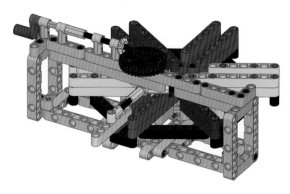

图 4-59

该机构的核心部件为六角转盘，如图4-60（a）~（b）所示。该部件上带有6个在圆周上均匀分布的直线沟槽。

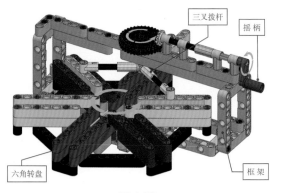

三叉拨杆

摇柄

六角转盘

框架

图 4-58

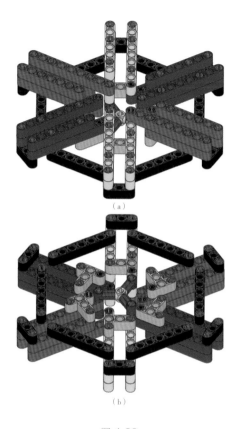

（a）

（b）

图 4-60

该机构运行时的另一个状态为，与三叉拨杆相连的黄色滑块从一个滑槽滑入对角的滑槽，如图 4-61 所示。

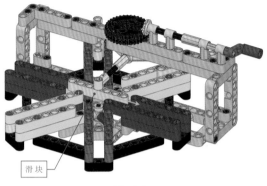

滑块

图 4-61

第5章

乐高机械手和机械臂

#1- 机械爪 a

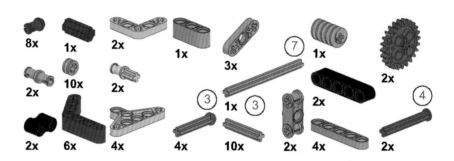

8x　　1x　　2x　　1x　　3x　　7　　1x　　2x

2x　　10x　　2x　　3　　1x　　3　　10x　　2x　　2x　　4

2x　　6x　　4x　　4x　　10x　　2x　　4x　　2x

该机构由支架、手指、旋钮、传动系统和连杆等部件构成。传动系统由一个蜗杆驱动两个齿轮，齿轮带动连杆，连杆带动两个手指做开合运动。如果旋钮做顺时针转动，两个爪子同步向中间闭合。反之，两个手指同步打开。两个手指的夹口部分安装了橡胶梁，目的是增加摩擦力，如图 5-1 所示。

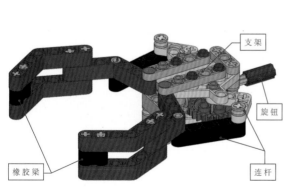

支架

旋钮

连杆

橡胶梁

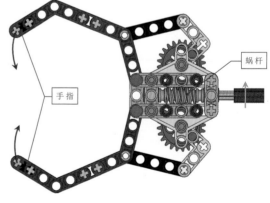

手指

蜗杆

图 5-1

爪子的最大张开角度，如图5-2
（a）～（b）所示。

爪子闭合时的状态，如图5-3（a）～（b）
所示。

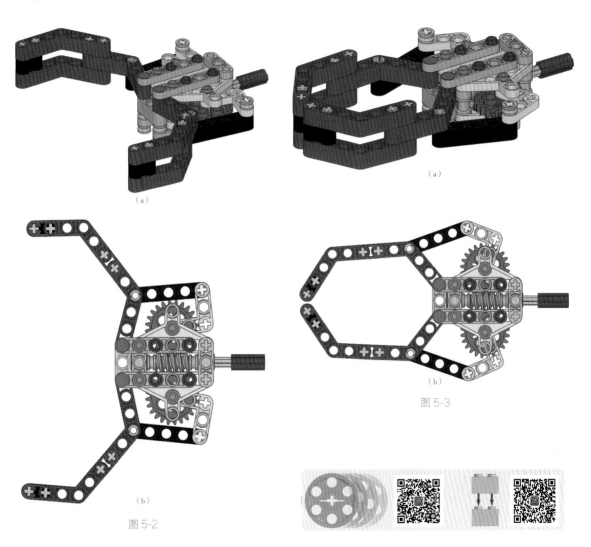

（a）

（a）

（b）

（b）

图 5-2

图 5-3

#2- 四瓣式机械爪

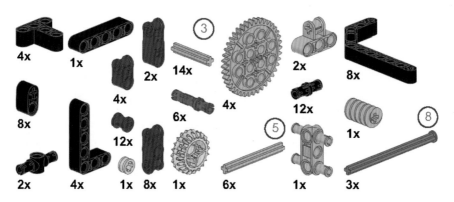

4x	1x	2x	14x	③		2x	8x
8x	4x	4x	6x	4x	12x	1x	⑧
2x	4x	1x 8x 1x	6x	⑤	1x	3x	

该机构由四个爪子、支架和旋钮等部件构成。顺时针转动旋钮，四个爪子会同步向中心抓握。反之，逆时针转动旋钮，四个爪子会同步打开，如图5-4所示。

该机械爪的传动原理，如图5-5（a）~（b）所示。机械爪中间有一个垂直安装的蜗杆，四周有四个呈90°排列的齿轮，形成蜗轮蜗杆机构。手指安装在齿轮上，与齿轮同步转动。

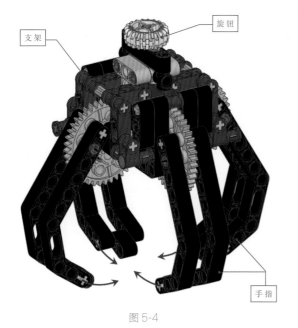

图5-4

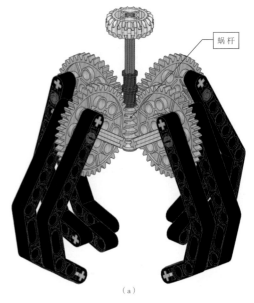

（a）

图5-5

（b）

图 5-5（续）

该机械爪张开的最大角度，如图 5-6
所示。

该机械爪闭合的最小状态，如图 5-7
所示。

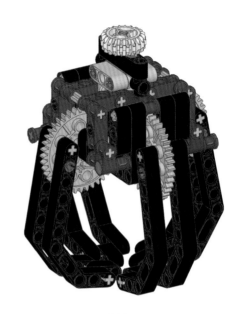

图 5-7

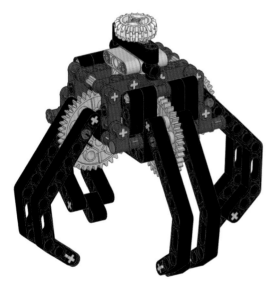

图 5-6

#3- 机械臂 a

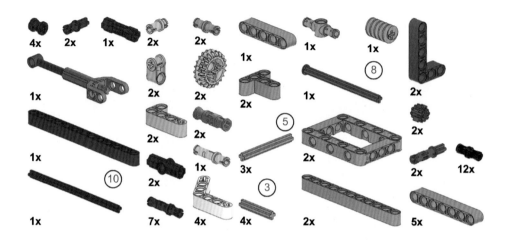

该机构由支架、机械臂、机械手、线性推杆和旋钮等部件构成。两个旋钮分别用于控制机械臂的升降和机械手的开合。上方旋钮逆时针转动，机械手闭合；下方旋钮逆时针转动，线性推杆伸出，机械臂抬高，如图 5-8 所示。

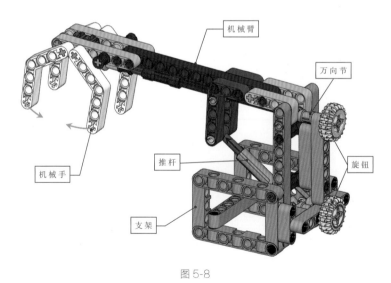

图 5-8

机械手的传动原理,如图5-9所示。旋钮的逆时针转动通过万向节、传动轴到达蜗杆。蜗杆带动齿轮 A 做顺时针转动,齿轮 A 带动齿轮 B 做逆时针转动,两个齿轮再带动机械手开合。万向节的作用是保证在任何角度都可以传输动力。

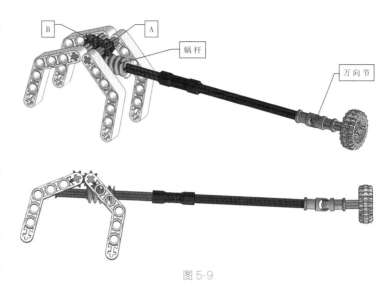

图 5-9

当后方的手指触碰到限位销时,机械手打开到最大位置。当两侧的手指互相触碰的时候,机械手达到闭合状态,如图5-10所示。

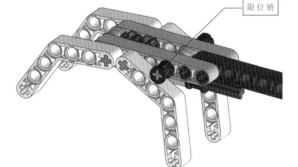

机械臂所能到达的最低位置,如图 5-11 所示。此时,线性推杆完全收缩到外壳之中。

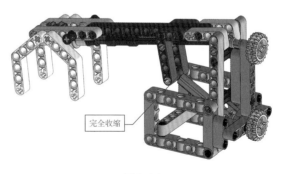

图 5-11

当线性推杆完全伸出时,机械臂达到最高位置,如图 5-12 所示。

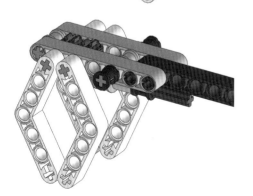

图 5-10

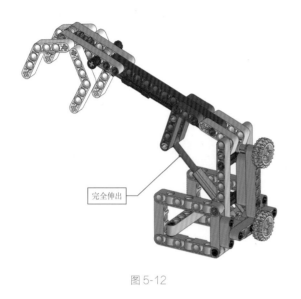

完全伸出

图 5-12

#4- 自动机械手

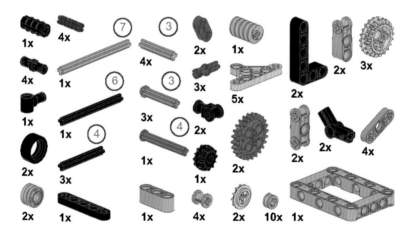

该机构由支架、机械臂、机械手、齿轮传动系统和旋钮等部件构成。在当前状态，逆时针转动旋钮，通过一系列齿轮传动，最终驱动两个手指闭合，如图 5-13 所示。

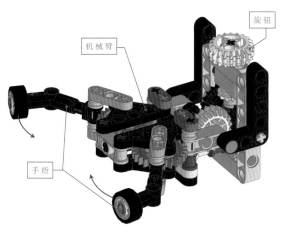

图 5-13

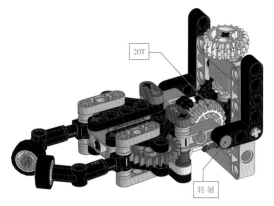

图 5-15

该机构的传动原理，如图 5-14 所示。

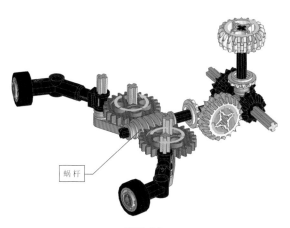

图 5-14

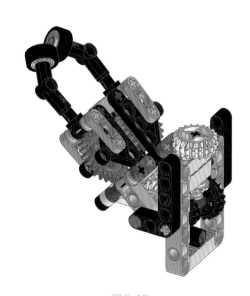

图 5-16

当两个手指完全闭合或夹持住物体时，机械臂根部的 20T 齿轮被锁止，无法转动。继续转动旋钮，机械臂将绕着根部的转轴向上抬起，如图 5-15 所示。机械臂抬升的效果，如图 5-16 所示。

顺时针转动或松开旋钮时，机械臂将绕转轴下降。当机械臂底部接触到限位块时，机械臂将停止下降。继续顺时针转动旋钮，机械手将打开，如图 5-17 所示。

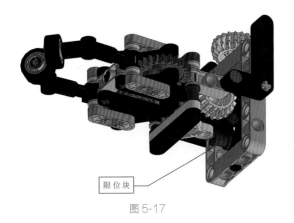

限位块

图 5-17

#5- 手动机械臂

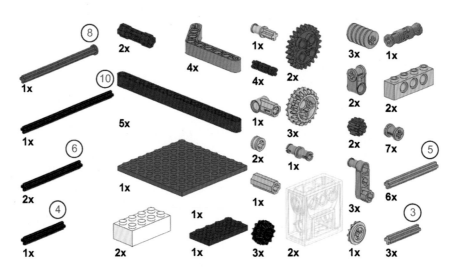

该机构由机械臂、底座、蜗轮箱、旋钮和万向节等部件构成。三个旋钮分别用于控制机械臂的升降、伸缩和机械爪的开合，如图 5-18 所示。

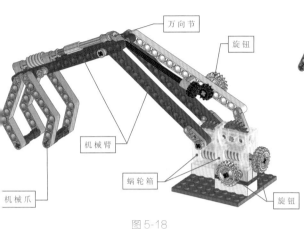

图 5-18

图 5-20

机械臂所能到达的最高位置，如图 5-21 所示。

由于机械臂分为互相铰接在一起的两段，采用两个旋钮分别控制，所以这款机械臂的控制更加灵活。两个蜗轮箱上的旋钮分别控制两段机械臂，白色机械臂上的旋钮用于控制机械爪的开合，如图 5-19 所示。

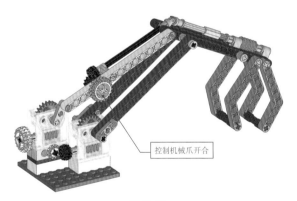

图 5-19

机械臂的最大行程和机械爪打开的最大角度，如图 5-20 所示。

图 5-21

#6- 四瓣抓斗

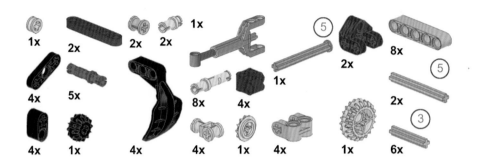

1x	2x	2x	2x	1x
4x	5x	4x	8x	4x
4x	1x	4x	4x	1x

5
2x
8x
5
1x
2x
3
1x 6x

该机构由线性推杆、机械爪、旋钮和连杆等部件构成。转动旋钮，驱动线性推杆的伸缩，可以控制机械爪的开合。逆时针转动旋钮，四个机械爪将同步向中间收缩。反之，顺时针转动旋钮，机械爪将同步打开，如图 5-22 所示。

该机构的工作原理，如图 5-23 所示。旋钮的转动将驱动线性推杆的伸缩。推杆伸出越多，机械爪张开角度越大。反之，推杆收缩，机械爪将同步闭合。

旋钮

线性推杆

连杆

机械爪

图 5-22

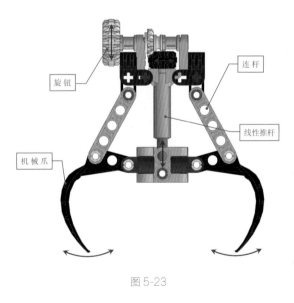

旋钮

连杆

机械爪

线性推杆

图 5-23

机械爪所能打开的最大角度，如图 5-24 所示。

图 5-24

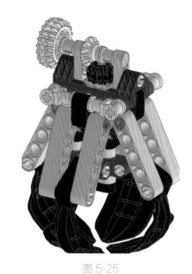

图 5-25

机械爪闭合时的状态，如图 5-25 所示。

#7- 四连杆机械臂

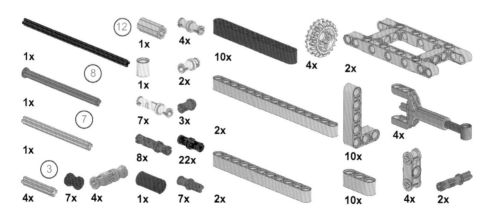

该机构由支架、线性推杆、旋钮和连杆构成。四个旋钮分别控制一个线性推杆，线性推杆分别控制四组（红、橙、黄、绿）连杆，如图 5-26 所示。

四个线性推杆不同的伸缩长度排列组合，可以产生多种机械臂弯曲状态。如图5-27（a）~（c）所示为该机械臂的几种状态。

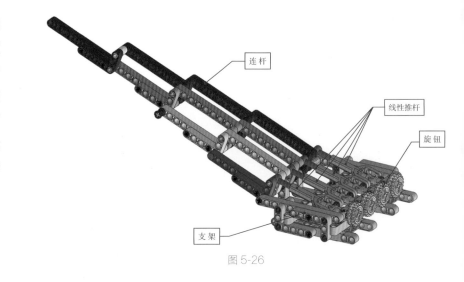

连杆

线性推杆

旋钮

支架

图 5-26

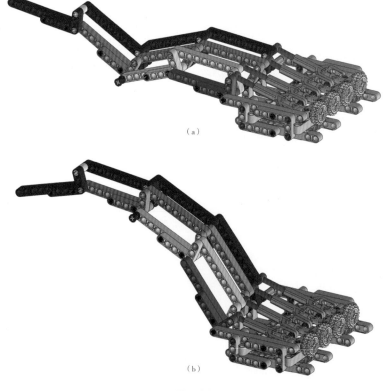

（a）

（b）

图 5-27

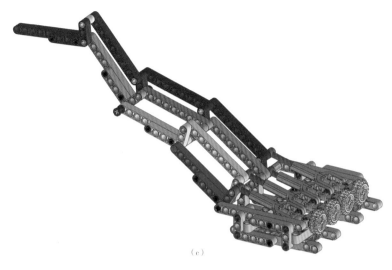

（c）

图 5-27（续）

#8- 三自由度机械臂

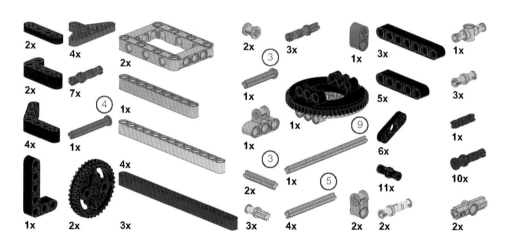

该机构由底座、转盘、旋钮和连杆等部件构成。两侧的旋钮分别控制两端的机械臂，同时转盘还可以 360°旋转，如图 5-28 所示。

该机构另一个角度的状态，如图 5-29 所示。

机械臂

转盘

旋钮

底座

图 5-28

图 5-29

该机械臂运行时的几个状态，如图 5-30（a）~（c）所示。

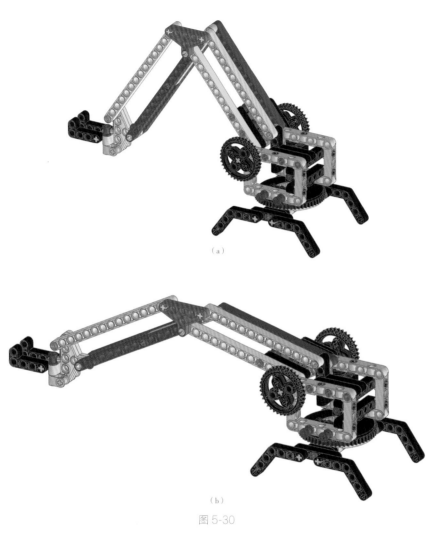

（a）

（b）

图 5-30

（e）

图 5-30（续）

#9- 智能迷你机械臂

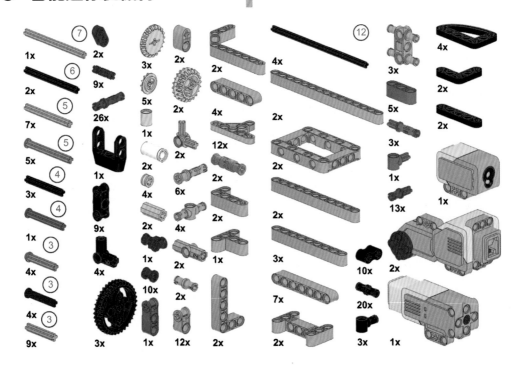

这是一台采用乐高 EV3 控制和驱动的小型智能化机械臂，通过程序控制可以实现智能化动作。该机构使用了 EV3 大马达和中马达，以及颜色传感器。两个大马达分别控制机械臂的两个动作——伸臂和弯臂，中马达用于控制机械手的开合，颜色传感器用于侦测。该机械臂结构如图 5-31 所示。

该机械臂另一个角度的结构如图 5-32 所示，两个大马达之间安装了一个中马达。

机械手部分的传动原理，如图 5-33 所示。中马达输出的转动通过逐级传递，最终驱动两个手指的开合动作。如果中马达做顺时针转动，则机械手做打开动作。反之，机械手做闭合动作。

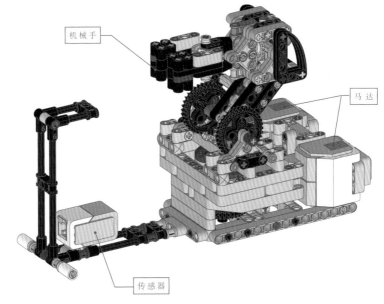

图 5-31

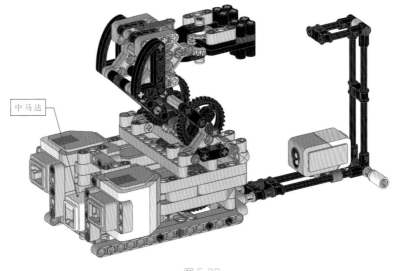

图 5-32

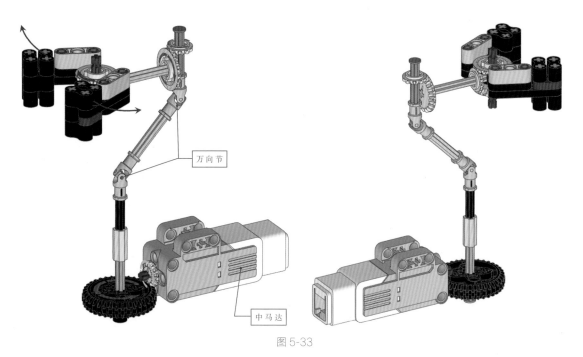

万向节

中马达

图 5-33

机械臂的传动原理，如图 5-34 所示。两个大马达分别控制两组连杆，左侧马达控制绿色连杆，右侧马达控制黑色连杆。两个马达配合，可以形成机械臂伸臂和下探的动作。

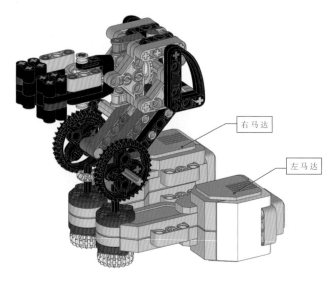

右马达

左马达

图 5-34

通过 EV3 程序块，可运行一个事先编写好的抓取物品程序。如果在颜色传感器前方放置一个物体，如小球，两个大马达同步向前转动 90°，机械臂做出下探动作，机械手抓取物体，如图 5-35 所示。

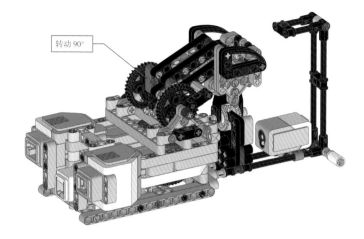

转动 90°

图 5-35

接下来，两个大马达同时反向转动 90°，机械臂回到初始状态。然后，右侧向前转动 90°，左马达保持不动，机械臂做出伸臂动作，机械手打开，将小球放在架子上。最后，机械臂恢复到初始状态，完成一个完整的取物动作。如图 5-36所示为机械臂的伸臂动作。

图 5-36

#10- 六轴机械臂

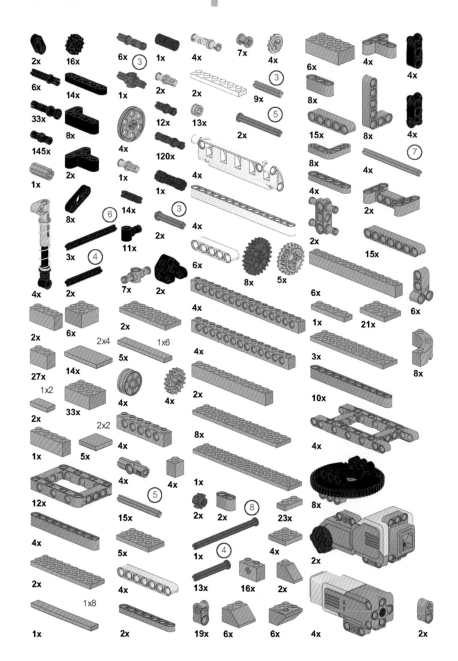

2x 16x 6x ③ 1x 4x 7x 4x 6x 4x 4x

6x 14x 1x 2x 2x 9x ③ 8x 8x 4x

33x 8x 4x 12x 13x 5x 15x 8x 4x

145x 2x 1x 120x 2x 8x 4x 7

1x 1x 4x 4x 4x

8x 6 14x 3 2x 2x

3x 11x 4x 6x 8x 5x 6x 15x 6x

4 7x 4x 6x 1x 21x

4x 2x 2x

2x 6x 2x 4x 3x 8x

27x 14x 5x 4x 10x

1x2 1x6 2x

2x 33x 4x 4x 8x 4x

2x2 4x 1x 8x

1x 5x 4x 4x 5

12x 15x 2x 2x 8 23x 2x

4x 5x 1x 4 4x 2x

2x 4x 13x 16x 2x

1x8 2x 19x 6x 6x 4x 2x

这是一款较为复杂的乐高机械臂作品，共使用零件 930 个，由 6 个 EV3 马达驱动，拥有 6 个自由度，可以做较为复杂的动作。按照功能，该机械臂可分为底座、一级手臂、二级手臂和机械手平台等几个部件，如图 5-37 所示。

底座的外形是一个空心长方体，后方安装了一个中马达，用于驱动转盘。转盘会带动一级手臂做 360°垂直方向的转动。底座的上方开口内部安装了四个导轮，用于约束一级手臂的转动，如图 5-38 所示。

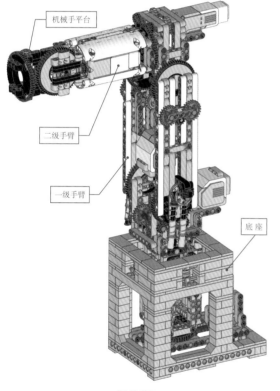

图 5-37

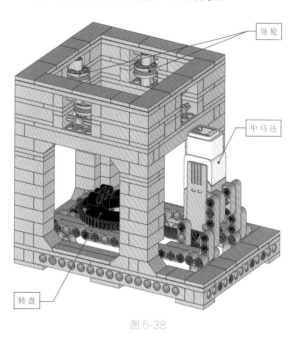

图 5-38

一级手臂通过底座上的转盘与底座连接，该部件上安装了两个大马达，分别用于控制一级手臂动和二级手臂的横向转动，如图 5-39 所示。

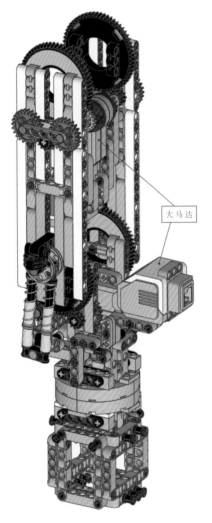

图 5-39

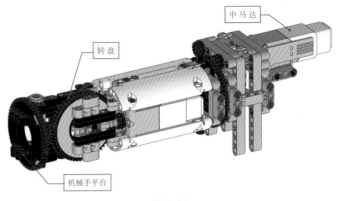

图 5-40

二级手臂的中间并排安装了两个中马达，分别用于控制机械手平台两个方向的转动，如图 5-41 所示。

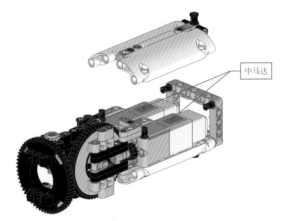

图 5-41

二级手臂的根部安装了一个中马达，用于驱动手臂转动。二级手臂的前端有转盘，带动机械手平台转动，如图 5-40 所示。

在机械手平台上，可以根据需要安装各种功能的机械手。如图 5-42 所示为一款气动二指机械手，它通过安装在机械手中间位置的一个气压活塞驱动两根手指做开合动作。机械手指的指尖覆盖了大量橡胶梁，确保抓取物体时有足够的摩擦力。

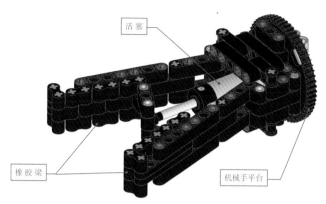

活塞

橡胶梁

机械手平台

图 5-42

第6章

乐高齿轮箱和变速箱

#1- 简单双速变速器

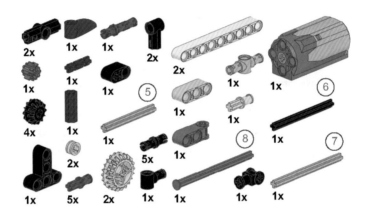

2x 1x 1x 2x 2x 1x 1x

1x 1x 1x ⑤ 1x

4x 1x 1x 1x 1x

1x 2x 1x ⑧ 1x ⑦

1x 5x 2x 5x 1x 1x 1x 1x

该机构由马达、主动齿轮组、换挡齿轮组、从动齿轮组、换挡拨杆和马达等部件构成。马达驱动主动齿轮组转动，位于中间的换挡齿轮组上带有两个同轴的 20T 和 12T 齿轮，可以在框架中滑动，改变齿轮的传动齿比，达到换挡的目的。如图 6-1 所示为等速模式。

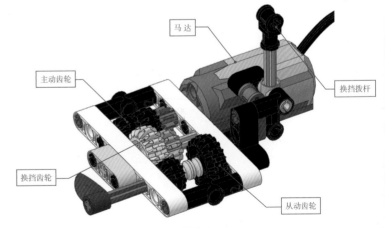

马达

主动齿轮

换挡拨杆

换挡齿轮

从动齿轮

图 6-1

当前的传动模式为等速模式，传动原理如图 6-2 所示。主动齿轮和从动齿轮的齿数均为 12 齿，中间的 20T 齿轮为惰轮，因此两个 12T 齿轮的转速相同，旋向也相同。

当前状态的传动原理如图 6-4 所示。主动齿轮带动换挡齿轮中的 20T 齿轮，换挡齿轮转速下降为 60%（12/20），换挡齿轮组中的 12T 带动从动齿轮组中的 20T 齿轮，转速下降为 36%。主动齿轮和从动齿轮的旋转方向相同。

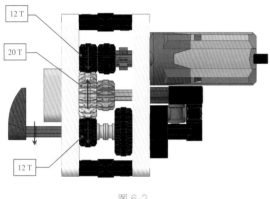

图 6-2

该机构的另一个状态为减速状态，将换挡拨杆向前推动，把换挡齿轮组向后拉动，如图 6-3 所示。

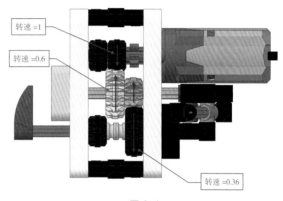

图 6-4

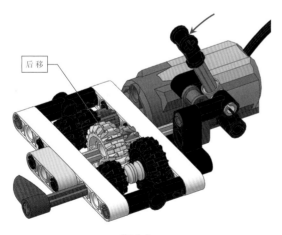

图 6-3

#2- 双向旋转整流器

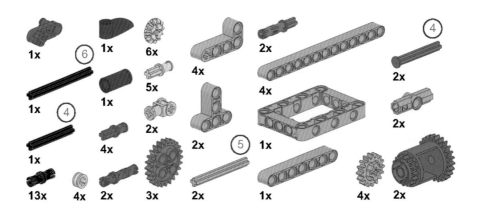

1x ⑥ 1x 6x 2x ④

1x ④ 5x 4x 2x

1x 4x 2x ⑤ 1x 2x

13x 4x 2x 3x 2x 1x 4x 2x

　　该机构由框架、差速器、棘轮、摇柄和齿轮等部件构成。无论输入端的摇柄如何转动，输出端的指针始终保持相同的旋转方向，如图 6-5 所示。

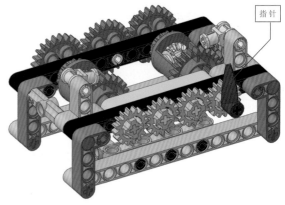

图 6-6

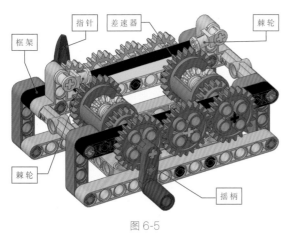

图 6-5

　　该机构另一个角度的结构，如图 6-6 所示。

　　如果摇柄做顺时针转动，左侧的差速器外壳整体转动，其内部的齿轮锁止，带指针顺时针转动。这个过程中，右侧差速器的外壳被锁止，它是无法转动的，其内部的齿轮可以转动。齿轮系统的传动，如图 6-7 所示。

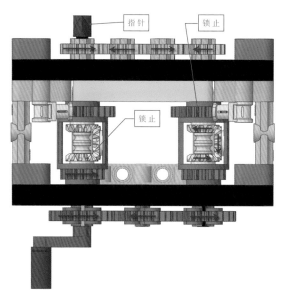

图 6-7

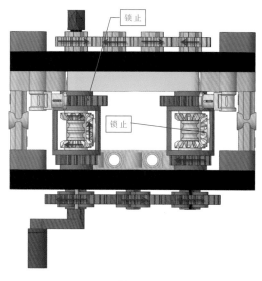

图 6-8

如果摇柄做逆时针转动，则左侧差速器外壳被锁止，动力通过右侧差速器外壳传递到指针，指针仍然做顺时针转动。齿轮系统的传动，如图 6-8 所示。

#3- 双速变速箱

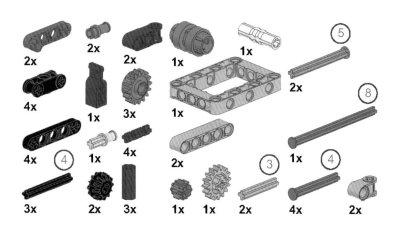

该变速箱由支架、换挡机构和齿轮等构件组成。换挡拨杆有左、中、右三个挡位，通过拨动拨杆，可以产生两种不同的转速和一个空挡位，如图6-9所示为空挡状态。

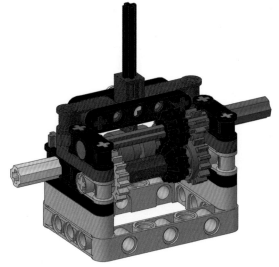

图 6-10

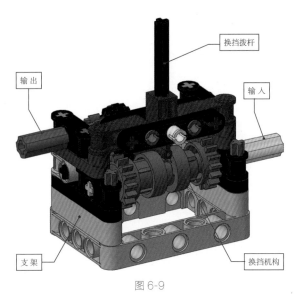

图 6-9

该机构另一个角度的结构，如图6-10所示。

这款变速箱的核心机构为换挡机构。该机构通常由离合齿轮、传动环、传动连接器和换挡拨杆等几个部件组成。

传动环套在连接器上，与连接器同步转动，可以在换挡拨杆的拨动下向两端滑动。传动环处于中间位置，与两端的离合齿轮都没有结合，此时两个离合齿轮处于空转状态，如图6-11所示。

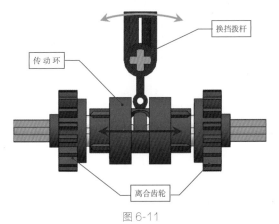

图 6-11

离合齿轮是一种特殊的齿轮，如图6-12所示。其外形是一个16T齿轮，但是侧面带有环形槽。其中心部分不是一般齿轮的十字孔，而是圆形通孔。因此不能直接通过轴进行传动，而是需要通过传动环进行传动。当传动环插入到其侧面的凹槽中时，才能将轴的动力传递给该齿轮。

向右拨动换挡拨杆，传动环被推向左侧，与左侧的离合齿轮结合。由于传动环与轴同步转动，因此也将动力传递到左侧的离合齿轮。右侧的齿轮处于空转状态，如图 6-13 所示。

向左拨动换挡拨杆，情况与图 6-13 正好相反，左侧换挡齿轮随同轴一起转动，左侧齿轮处于空转，如图 6-14 所示。

凹槽　　圆形通孔

图 6-12

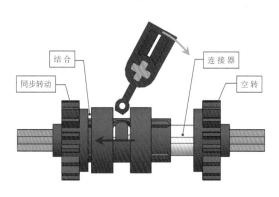

结合　连接器　同步转动　空转

图 6-13

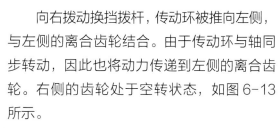

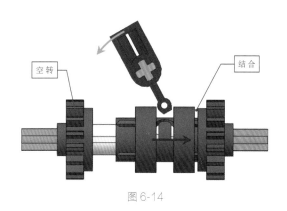

空转　结合

图 6-14

这款双速变速箱,如果换挡拨杆向输入端拨动,则动力传输路径如图6-15所示的绿色虚线。如果黄色联轴器转速为 1，则绿色输出端的转速增加为 2 倍。

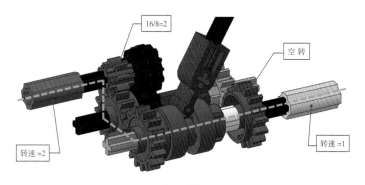

16/8=2　空转　转速=2　转速=1

图 6-15

如果换挡拨杆向绿色轴一端拨动，则动力传输路径如图 6-16 所示的绿色虚线。由于路径中传动齿轮都是齿数相同的，因此两端轴的转速保持不变。

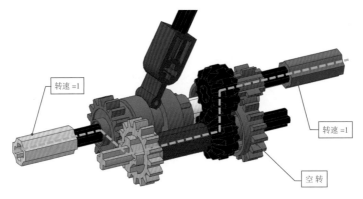

图 6-16

#4-3 速变速箱

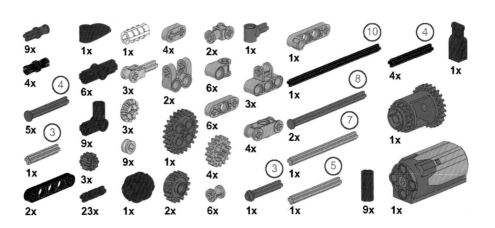

该变速箱由框架、换挡机构、差速器、马达和齿轮等部件构成。侧面的换挡拨杆可以切换三种不同的输出转速，如图 6-17 所示。

该机构另一个角度的结构，如图 6-18 所示。

换挡拨杆位于中间位置时，动力的传输路径如图 6-19 所示，这个模式的传动速比为 2 ∶ 3。

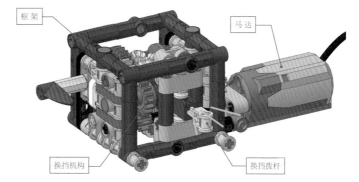

图 6-17

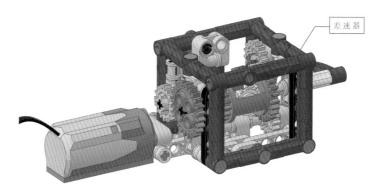

图 6-18

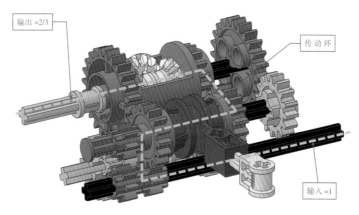

图 6-19

　　换挡拨杆向右侧拨动，传动环与左侧离合齿轮结合，传动路径如图 6-20 所示，这个挡位的传动速比为 1：3。

　　换挡拨杆向左侧拨动，传动环与右侧离合齿轮结合，传动路径如图 6-21 所示，这个挡位的传动速比为 1：1。

图 6-20

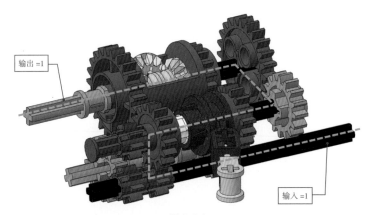

图 6-21

#5–3 速自动变速箱

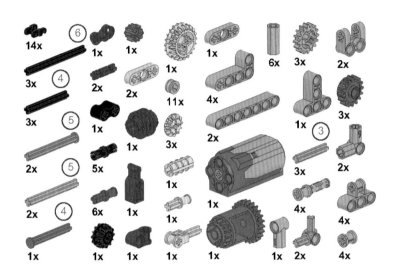

这款 3 速变速箱由支架、换挡机构、马达、差速器和链条等部件构成，如图 6-22 所示。

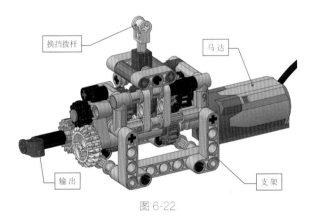

图 6-22

该变速箱另一个角度的结构，如图 6-23 所示。

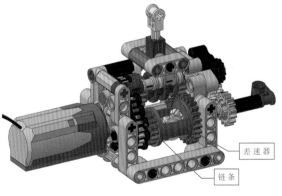

图 6-23

这款变速箱分为三个挡位，1 挡速比为 0.33，2 挡速比为 0.29 ~ 0.66，3 挡速比为 1.5。

当传动环拨动到靠近输出端时，速比为 2/3，如图 6-24 所示。

当传动环拨动到靠近输入端时，速比约为 1：3，如图 6-26 所示。

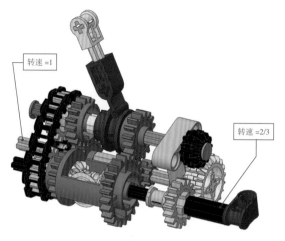

转速 =1
转速 =2/3

图 6-24

当传动环位于空挡位置时，速比根据输出端阻力的不同，在 2/3 到 2/7 之间变化，如图 6-25 所示。

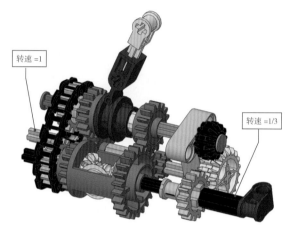

转速 =1
转速 =1/3

图 6-26

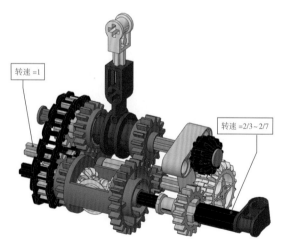

转速 =1
转速 =2/3~2/7

图 6-25

#6- 手动 4 速变速箱

这是一款手动 4 速变速箱，通过手动拨动换挡拨杆，可切换 4 个挡位。由框架、换挡机构、换挡拨杆和马达等部件构成，如图 6-27 所示。

滑动。滑轨的两端，可以左右拨动切换挡位，一共可以切换 4 个不同的挡位，如图 6-28 所示。

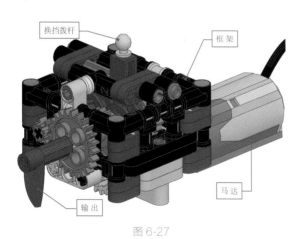

图 6-27

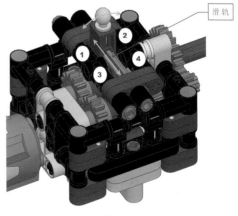

图 6-28

该变速箱有两套换挡机构，因此换挡拨杆设计成滑动形式，可以在换挡滑轨上任意

换挡拨杆挂入 1 挡时，动力传输路径如图 6-29 所示，输入到输出的速比为 3：1。

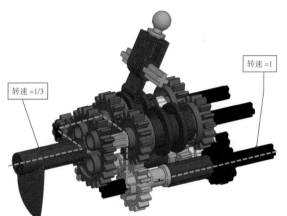

图 6-29

换挡拨杆挂入 2 挡时，动力传输路径如图 6-30 所示，输入到输出的速比为 5 ∶ 1。

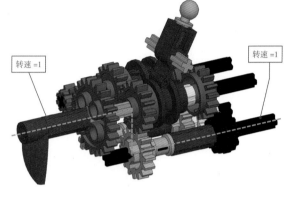

图 6-31

换挡拨杆挂入 4 挡时，动力传输路径如图 6-32 所示，输入到输出的速比为 1 ∶ 0.6。

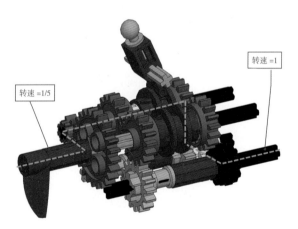

图 6-30

换挡拨杆挂入 3 挡时，动力传输路径如图 6-31 所示，输入到输出的速比为 1 ∶ 1。

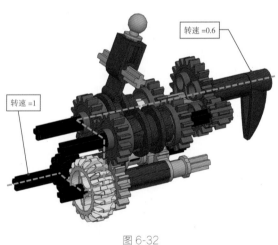

图 6-32

#7- 自动 4 速变速箱

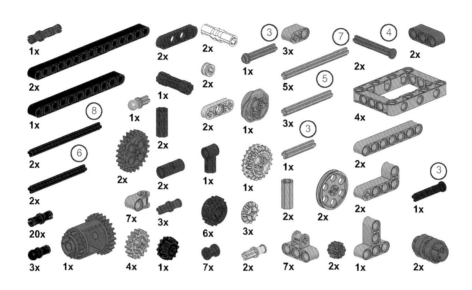

　　这款自动 4 速变速箱可以根据输出端扭矩的变化，自动切换挡位，可切换 4 个挡位。由框架、换挡摆臂、环形拨杆和橡筋等部件构成，这款变速箱的结构，如图 6-33 所示。

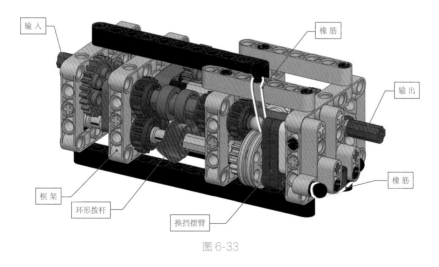

图 6-33

　　该变速箱另一个角度的结构，如图 6-34 所示。

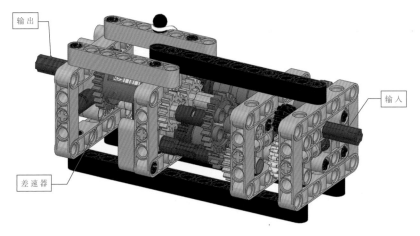

输出

输入

差速器

图 6-34

为了实现自动控制，这款变速箱采用了新款的环形拨杆，这款拨杆只需要做转动即可进行挡位的切换，非常适合自动变速箱的设计。环形拨杆的外形，如图 6-35 所示。

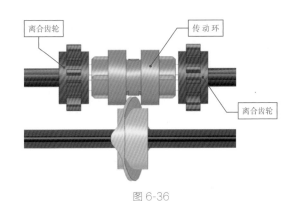

离合齿轮

传动环

离合齿轮

图 6-36

波浪边

凸起

图 6-35

环形拨杆共有三种状态，当该拨杆的波浪形边缘处于传动环凹槽位置时，传动环与两侧离合齿轮都没有结合，换挡系统处于空挡状态，如图 6-36 所示。

当环形拨杆的右侧凸起转动到传动环的凹槽中时，传动环与右侧离合齿轮结合，如图 6-37 所示。

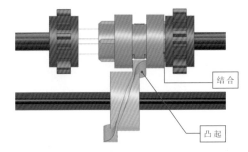

结合

凸起

图 6-37

当环形拨杆的左侧凸起转动到传动环的凹槽中时，传动环与左侧离合齿轮结合，如图6-38所示。

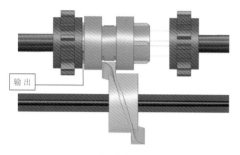

图6-38

当输出端阻力变大时，换挡摆臂就会做逆时针摆动，依次从一挡切换到四挡。这个过程中，输出端的转速下降，但扭矩不断增大，如图6-39所示。

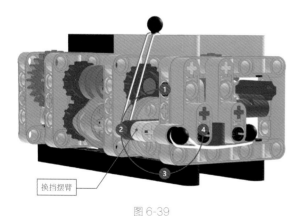

图6-39

当输出端阻力变小后，换挡摆臂在橡筋的拉动下回到最高点的1挡位置。此时，输出端的转速为最高。

这款变速箱可以安装在车辆类模型上，使之成为一辆自动挡电动车。在输入端安装马达，输出端与动力车轮连接，在框架顶部安装电池箱，可参考如图6-40所示的结构。

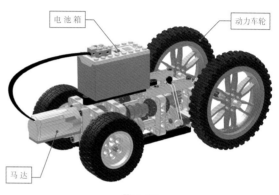

图6-40

图6-40中的车辆在平面上行驶的时候，阻力较小，挡位会位于转速较高的1挡位置。当车辆上坡的时候，阻力变大，车轮转速降低。换挡机构会根据阻力大小自动切换挡位，提升扭矩，使车辆能顺利上坡。车轮阻力减小后，换挡机构又会自动将挡位切回1挡，恢复较高的速度。

#8-6 速遥控变速箱

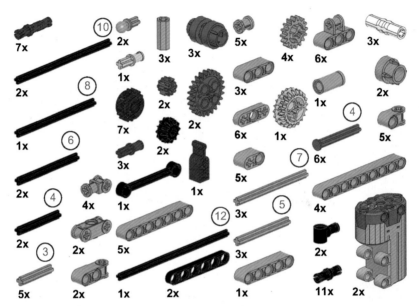

7x 2x 3x 3x 5x 4x 6x 3x

2x 8 1x 3x 1x 2x

1x 6 2x 2x 3x 1x 4 5x

2x 4 3x 5x 1x 6x 5x

2x 4 4x 1x 7 6x

2x 3 2x 5x 12 3x 5 4x

5x 2x 1x 2x 1x 2x 11x 2x

这款 6 速变速箱通过遥控方式进行挡位切换，可以实现远程控制。该变速器由伺服马达、框架和换挡机构等部件构成。两个伺服马达分别用于控制换挡拨杆的滑动和挡位切换，如图 6-41 所示。

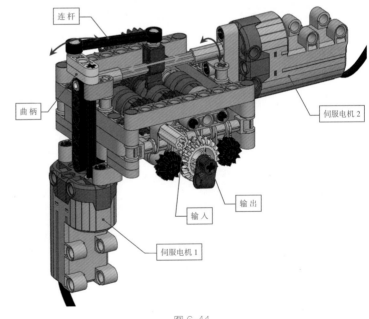

连杆

曲柄

伺服电机 2

输出

输入

伺服电机 1

图 6-41

图6-41中，右侧的伺服电机2用于控制换挡拨杆的转动，左下角的伺服电机1通过曲柄带动换挡拨杆在滑轨上滑动。两个伺服马达配合，可以在三个传动环上任意切换位置并切换挡位。

该变速器6个挡位的分布，如图6-42所示。

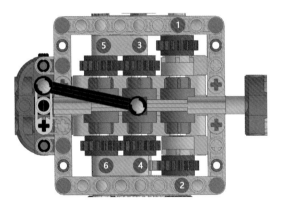

图6-42

该变速器各挡位的速比如表6-1所示。

表6-1

挡位	输入转速	输出转速
1	15	1
2	9	1
3	5	1
4	3	1
5	1.6	1
6	1	1

当伺服电机1驱动绿色曲柄转动到如图6-43所示位置时，换挡拨杆位于1～2挡的挡位上。这个状态下，可以用伺服电

机2驱动换挡拨杆，切换1和2挡位。

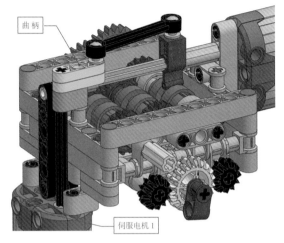

图6-43

当伺服电机1驱动绿色曲柄转动到如图6-44所示位置时，换挡拨杆位于3～4挡的挡位上。这个状态下，可以用伺服电机2驱动换挡拨杆，切换3和4挡位。

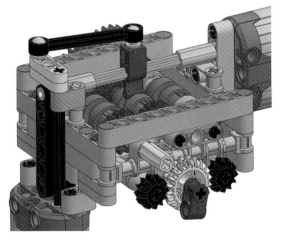

图6-44

当伺服电机 1 驱动绿色曲柄转动到如图 6-45 所示位置时，换挡拨杆位于 5 ~ 6 挡的挡位上。这个状态下，可以用伺服电机 2 驱动换挡拨杆，切换 5 和 6 挡位。

该变速器的电器件连接可参考图 6-46。两个伺服电机需要与遥控接收器相连，动力输入采用大马达。

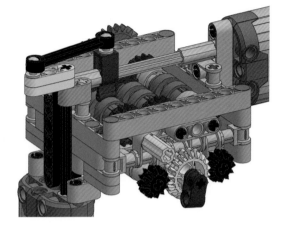

图 6-45

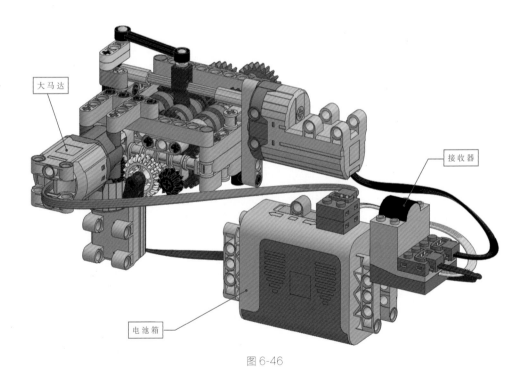

图 6-46

#9-8 速顺序变速箱

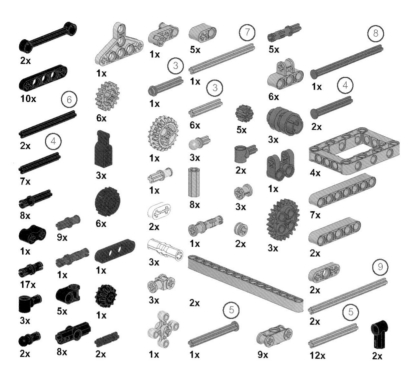

这款变速箱可以按照顺序切换8个挡位,由框架、前端变速机构和后端变速机构等部件构成。前端变速机构带有一个换挡机构,可以切换两种不同的转速。后端变速机构带有两个换挡机构,可以切换4种不同的转速。两者的组合,可以产生8种不同的转速,如图6-47所示。

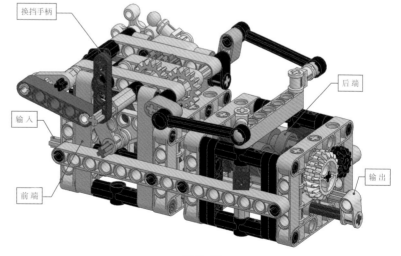

图6-47

该变速箱另一个角度的结构，如图 6-48 所示。

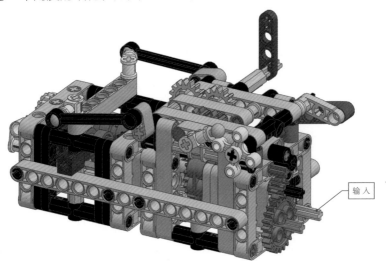

输入

图 6-48

这款变速箱的前端可输出 1 ：3 和 3 ：1 两种速比，后端变速机构可以产生 4 种不同的速比。两级变速机构的组合，可以形成 8 种不同的速比。最低速比为 1 ：15，最高为 1 ：1。

位于前端的红色换挡手柄可以逆时针连续转动，每转动 90° 可升一个挡位。转动到 360° 时将升为 5 挡，继续转动手柄可切换 5 ~ 8 挡，如图 6-49 所示。

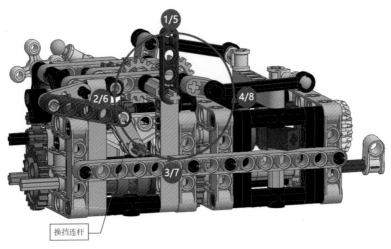

换挡连杆

图 6-49

前端变速机构1挡和5挡位置对比如图6-50所示。1挡时传动环位于右侧，速比为1：3，5挡时传动环位于左侧，速比为3：1。

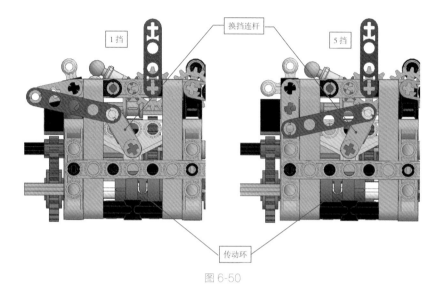

图 6-50

后端变速机构拥有两个换挡机构，在两个曲柄连杆机构的驱动下交替切换挡位。两个曲柄左顺时针转动，通过连杆带动换挡拨杆往复拨动两个传动环。这个部分的传动原理，如图6-51所示。

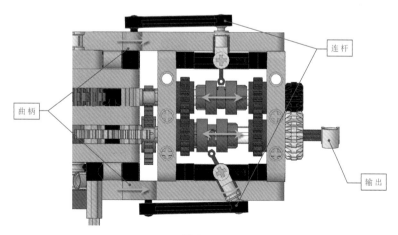

图 6-51

综上所述，该变速箱各级别转速比、输出转速比和换挡手柄角度的具体数值，如表 6-2 所示。

表 6-2

	前端速比	后端速比	输出速比	挡位	手柄角度 /°
输入	1:3	1:5	1:15	1	0
		1:3	1:9	2	90
		1:1.6	1:4.8	3	180
		1:1	1:3	4	270
	3:1	1:5	1:1.6	5	360
		1:3	1:1	6	450
		1:1.6	1.8:1	7	540
		1:1	3:1	8	630

#10-CVT 无级变速器

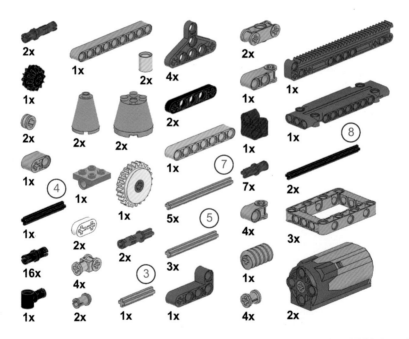

这款无级变速器由框架、马达、锥形筒、滑块、蜗轮蜗杆和传动橡筋等主要部件构成。可以在输入、输出转速比 3 : 1 ~ 1 : 3 之间任意改变，如图 6-52 所示。

该变速器另一个角度的结构，如图 6-53 所示。

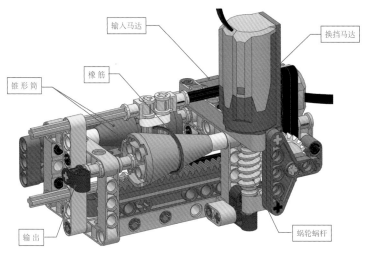

图 6-52

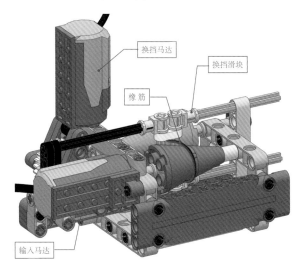

图 6-53

　　该机构俯视的结构，如图 6-54 所示。红色的传动橡筋同时连接绿色的输入锥形筒和橙色的输出锥形筒，并可以在滑块机构的驱动下，在两个锥形筒上做横向移动。

　　该变速器中的滑块机构由驱动马达、蜗轮蜗杆、齿条和滑轨等零部件构成。蜗轮蜗杆机构带齿轮齿条机构做往复直线运动，滑轨用于约束滑块机构的运动轨迹。滑块中间的小窗口用于穿过传动橡筋，如图 6-55 所示。

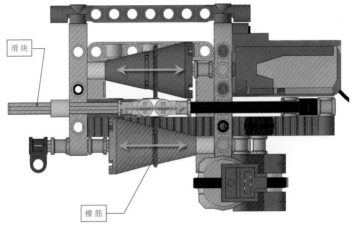

滑块

橡筋

图 6-54

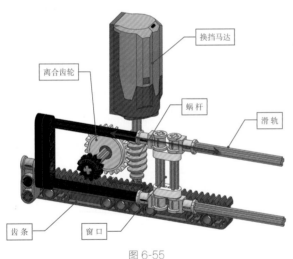

换挡马达

离合齿轮

蜗杆

滑轨

齿条

窗口

图 6-55

图 6-56

图 6-55 中的白色离合齿轮是一种特殊的齿轮。该齿轮并非一个整体，其中心部分在过载的情况下可以打滑，保护后方的零件不受损伤，如图 6-56 所示。

当滑块移动到靠近输入马达一端时，传动橡筋也被推到靠近输入马达一端。输入和输出锥形筒的直径比为 3 ：1，此时的转速比即为 3 ：1（输入转速 =1，输出转速 =3），如图 6-57 所示。

当换挡滑块移动到靠近输出端时，传动橡筋也被推到同侧。输入和输出锥形筒的直径比为 1 ：3，此时的转速比即为 1 ：3（输入转速 =1，输出转速 =1/3），如图 6-58 所示。

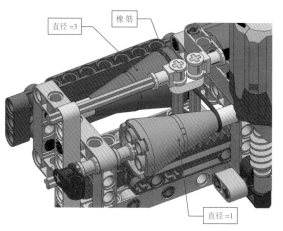

图 6-57

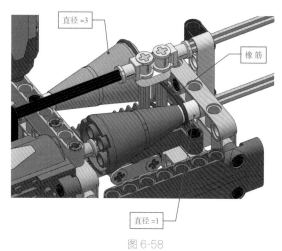

图 6-58

第7章

乐高机械综合装配

#1- 旋转木马机构

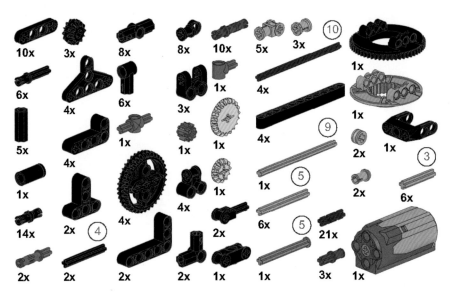

10x 3x 8x 8x 10x 5x 3x ⑩ 1x

6x 4x 6x 3x 4x 1x 1x

5x 4x 1x 1x 4x 1x 2x 1x 3

1x 4x 4x 1x 6x ⑤ 2x 6x

14x 2x ④ 2x 2x ⑤ 21x 1x

2x 2x 2x 2x 1x 1x 3x 1x

该机构由底座、转子和摆臂等几个部件构成。其动态效果是，转子在自转的同时，四个摆臂也同时做连续转动，且互相不会发生碰撞，如图 7-1 所示。

底座中安装了一个马达和一套齿轮传动系统，马达的动力通过变速箱传递给 8T 齿轮，该齿轮带动转盘的黑色壳体连续转动，如图 7-2 所示。

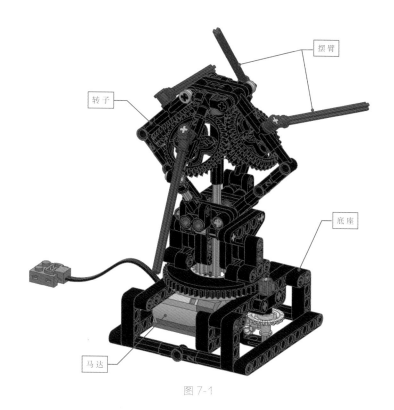

图 7-1

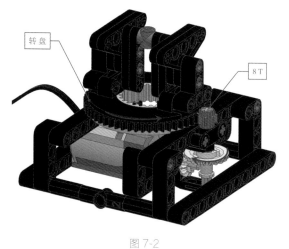

图 7-2

马达的传动原理如图 7-3 所示，转盘的

灰色壳体部分与底座连接，是静止不动的。

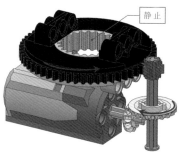

图 7-3

转子部分固定在图 7-3 中的转盘上，随转盘一起转动。它主要由框架、行星齿轮系

统和摆臂等部件构成。框架部分由四个直角支架和两个端面组成，其结构如图 7-4 所示。

　　行星齿轮系统由 12T 双面齿轮和 36T 齿轮构成。转子的中心部分有一根轴与底座相连接。这根轴与底座固定连接，不会转动，如图 7-5 所示。

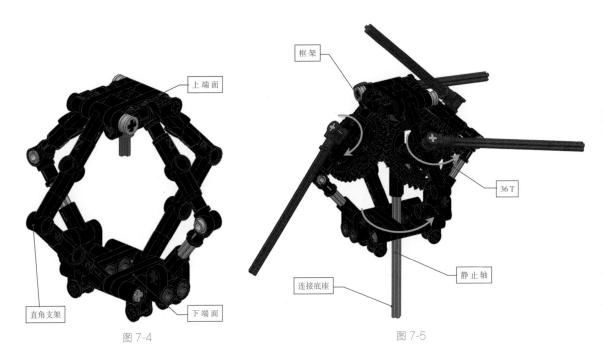

图 7-4　　　　　　　　　　　　　　　　　　图 7-5

　　静止轴的顶部安装有 12T 齿轮，也是静止状态，成为行星齿轮系统中的太阳轮。太阳轮的两侧有两个 12T 齿轮，随转子转动，成为行星齿轮系统中的行星轮。行星轮再与外侧的 36T 齿轮通过轴进行传动，同时带动外侧的摆臂转动。具体结构如图 7-6 所示。

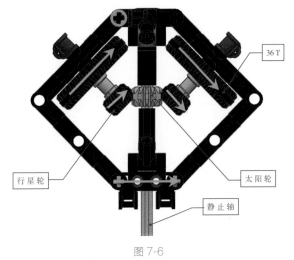

图 7-6

底座部分主要模块搭建步骤，如图 7-7（a）~（d）所示。

（a）

（b）

（c）

（d）

图 7-7

转子部分主要部件装配步骤，如图 7-8（a）~（d）所示。

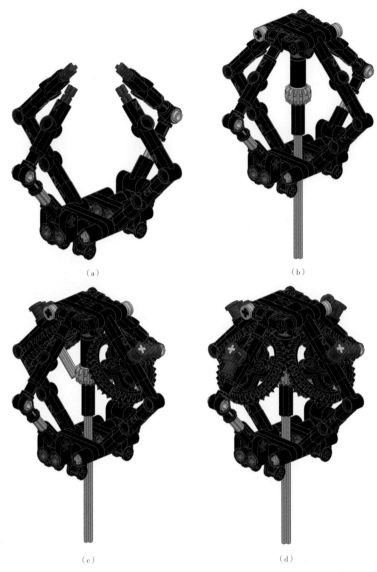

（a） （b）

（c） （d）

图 7-8

#2- 机械沙漏

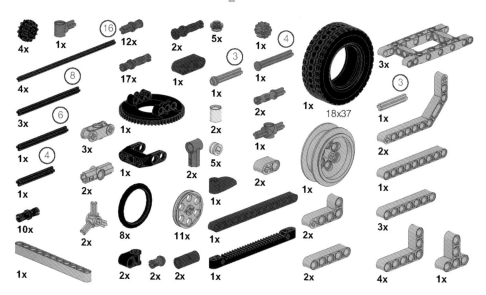

机械沙漏采用纯机械机构模拟沙漏，无须电力，每次可运行30多秒钟。机械沙漏由支架、配重块、擒纵系统和摆锤等部件构成。

如图7-9所示的状态，配重块在高位，将向下滑动，驱动擒纵系统工作。擒纵系统驱动摆锤往复摆动。

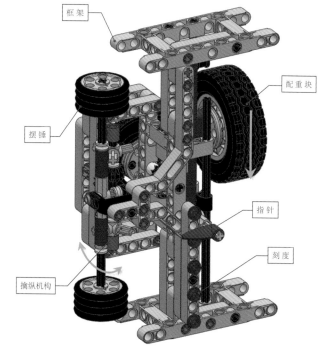

图 7-9

机械沙漏另一个角度的结构，如图 7-10 所示，转盘是当作一个齿轮来使用的。

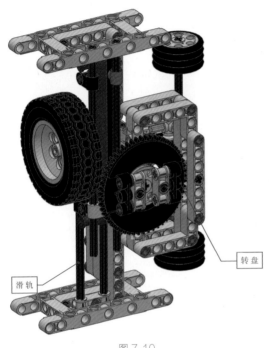

图 7-10

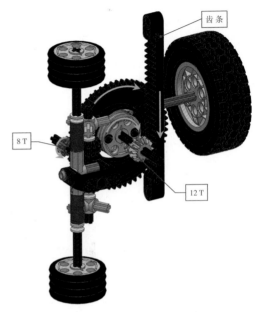

图 7-11

该机构的传动原理，如图 7-11 所示。齿条在配重块的驱动下向下移动，带动与之啮合的 12T 齿轮转动。12T 齿轮再带动与之同轴的大转盘转动。大转盘带动 8T 齿轮转动。

从另一个角度观察，8T 齿轮将带动与之同轴的 12T 齿轮同步转动，12T 齿轮将驱动擒纵系统工作，最终转换为摆锤的规则往复摆动，大幅度延缓配重块下降的速度，如图 7-12 所示。

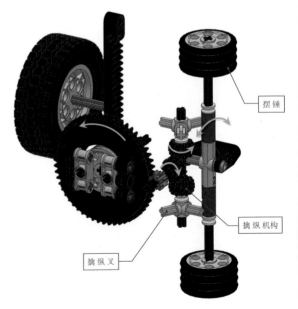

图 7-12

当配重块滑动到底部的时候,可以将沙漏倒置,沙漏将继续运行,如此循环往复,机械沙漏即可一直运行。

机械数字主要部件装配步骤,如图7-13（a）~（d）所示。

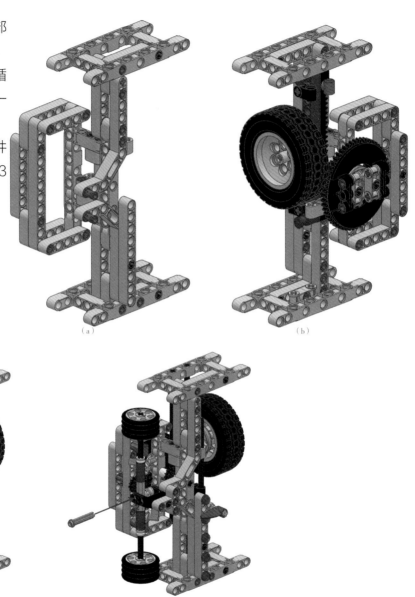

（a）

（b）

（c）

（d）

图 7-13

#3- 单轴陀飞轮机构

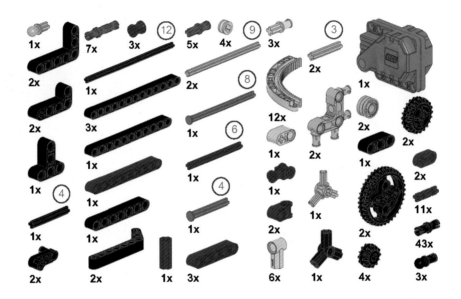

单轴版乐高陀飞轮机构主要包括支架、马达、静态齿圈、摆轮和擒纵轮等部件。正面的结构如图 7-14 所示。

图 7-14 中红色橡筋的作用，相当于机械钟表中的游丝，体积虽小，却非常重要。

乐高版单轴陀飞轮机构反面的结构，如图 7-15 所示。

这个作品的能量单元采用乐高回力马达，这种马达属于发条类马达，无须使用电力，通过手柄上紧发条即可为整套机构提供能量。上紧一次发条大约可连续工作十几分钟。

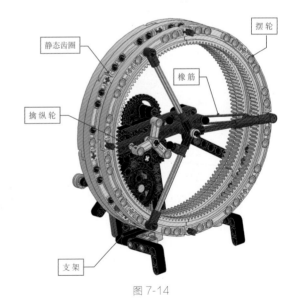

图 7-14

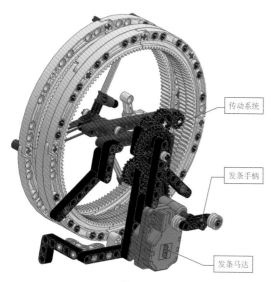

图 7-15

乐高单轴版陀飞轮机构在运行的时候，其黄色的擒纵轮不是固定位置的，而是在自转的同时，围绕摆轮的中心轴做圆周运动，其运行轨迹如图 7-16 所示。

图 7-16

由于擒纵轮的运行轨迹是一个圆形，地球重力的影响和磨损、变形就会比固定位置的小得多，这样可以极大地提高擒纵机构的输出精度，使钟表更加精准。

单轴版陀飞轮机构的传动系统由两套齿轮传动机构组成，一套用于传输动力的齿轮减速机构；另一套用于驱动擒纵轮的行星齿轮机构。

用于传递动力的减速机构由 5 个齿轮组成，其工作原理如图 7-17 所示。

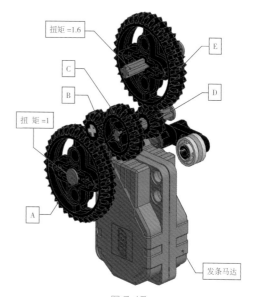

图 7-17

这套齿轮传动系统的按照图 7-17 中齿轮 A ~ E 的顺序传递动力。

这套传动系统的转速比计算公式如下：

（36 × 12 × 12）/（12 × 20 × 36）= 0.6

根据计算结果，马达输出的转速最终被降低到 60%。同时，根据机械原理，最终的扭矩增大到输出扭矩的 1.6 倍。

用于驱动擒纵轮的行星齿轮机构如图 7-18 所示。传动系统将动力传递给红色连杆，连杆的一端有三个齿轮，最外侧的 12T 齿轮与黄色的大齿圈的内齿圈啮合。由于齿圈是静止不动的，这里就形成了一套行星齿轮机构。

带动其右侧的 20T 齿轮，20T 再带动其右侧的 12T，最终将动力传递给擒纵轮。擒纵轮的转速与外侧的 12T 齿轮相同。

图 7-19

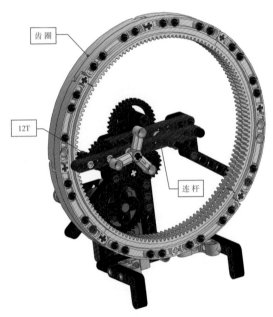

图 7-18

单轴陀飞轮主要部件装配步骤，如图 7-20（a）~（d）所示。

（a）

图 7-20

当红色连杆转动时，12T 齿轮将与内齿圈形成相对运动，该齿轮就产生转动。内齿圈的齿数为 140，因此转速比为 11.67（140 / 12）。

接下来的动力传递如图 7-19 所示，12T

（b）

（c）

（d）

图 7-20（续）

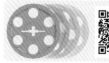

#4- 机械式转速表

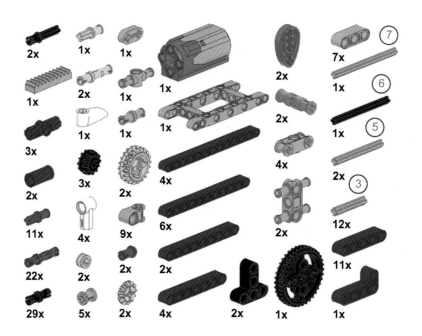

2x 1x 1x 2x 7x ⑦ 1x

1x 2x 1x 1x 2x 1x ⑥

3x 1x 1x 1x 2x 1x ⑤

2x 3x 2x 4x 4x 2x ③

11x 4x 9x 6x 2x 12x

22x 2x 2x 2x 1x 11x

29x 5x 2x 4x 2x 1x 1x

这款机械式转速表可以通过指针的角度偏转显示马达的旋转速度。该转速表由框架、马达、传动系统、离心机构和指针等部件构成，如图 7-21 所示。

机械式转速表另一个角度的结构，如图 7-22 所示。

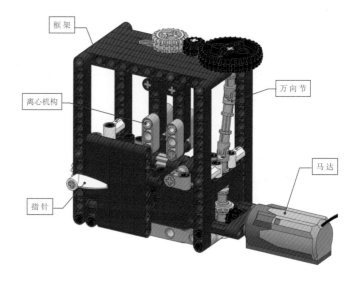

框架
万向节
离心机构
马达
指针

图 7-21

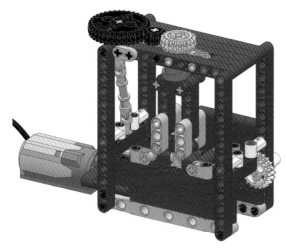

图 7-22

当马达高速转动的时候，离心机构的两个红色连杆将在离心力的作用下向上张开，带动齿条向上移动。最终带动指针顺时针转动。指针转动的幅度可以表现出离心力的大小，也就是转速的高低。指针顺时针转动的角度越大，表示转速越高。马达的旋转方向不影响指针的显示结果，如图 7-24 所示。

图 7-24

转速表的工作原理，如图 7-23 所示。马达的转动通过万向节和齿轮传动系统传递给离心机构，离心机构底部有一根齿条。齿条与 12T 齿轮形成一个齿轮齿条系统，驱动指针转动。

机械式转速表主要部件装配步骤，如图 7-25（a）～（d）所示。

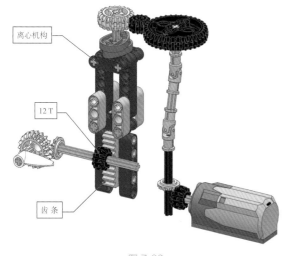

离心机构

12 T

齿条

图 7-23

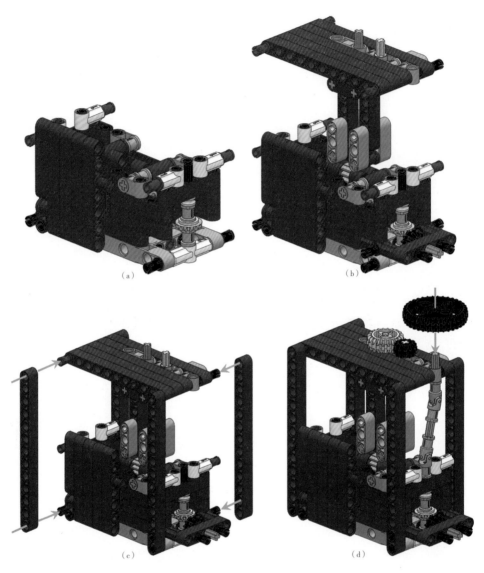

（a） （b）

（c） （d）

图 7-25

#5- 自平衡机构

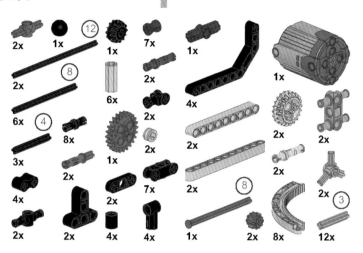

乐高自平衡机构利用角动量守恒原理，使静止时无法直立的机构，在高速旋转的平衡轮作用下，能够保持垂直不倒。该机构由支架、马达、齿轮加速系统和转盘等部件构成，如图7-26所示。

马达、支架和传动系统，如图7-27所示。支架和地面是线接触，静止状态下本身是无法直立的。

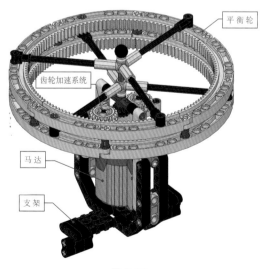

图 7-26

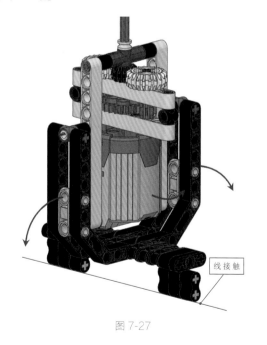

图 7-27

马达和传动系统被安装在一个可以转动的支架上，可以绕着其中间的一个转轴任意转动，如图 7-28 所示。

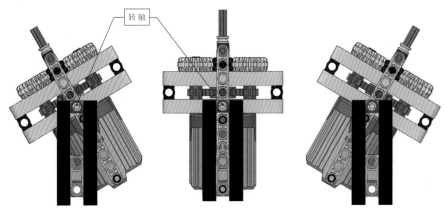

图 7-28

马达和传动系统的传动原理，如图 7-29 所示。马达的动力通过两侧的两组齿轮传递到上方的转轴，驱动平衡轮高速转动，以达到机构的直立平衡状态。采用两组齿轮传动的目的是增加传动的稳定性。

为了获得更高的转速，这套传动系统是齿轮加速机构，速比为 5。为了获得更强的动力，该机构采用的是乐高特大马达，该马达的转速约为 220 转 / 分钟，加速 5 倍之后，上方平衡轮的转速约为 1100 转 / 分钟。

给马达通电，马达驱动平衡轮高速旋转（旋转方向不限），该机构即可保持直立平衡状态。即便施加一些外力，也不会倾倒，如图 7-30 所示。

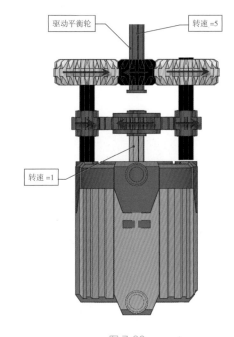

图 7-29

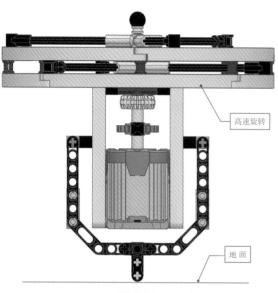

图 7-30

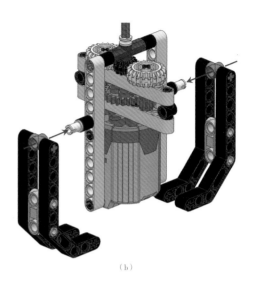

（b）

自平衡机构主要部件装配步骤，如图7-31
（a）～（d）所示。

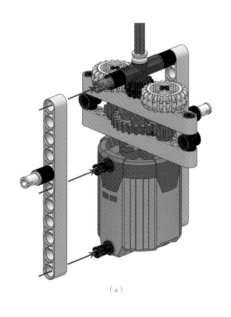

（a）

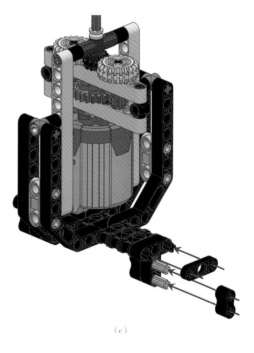

（c）

图 7-31

（d）

图 7-31（续）

#6- 双摆臂绘图机

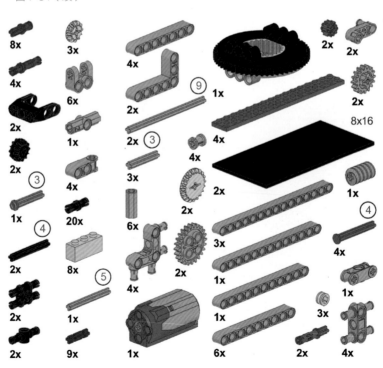

这款绘图机可以绘制多达数百种的环形繁花图案。该绘图机由底座、传动系统、绘图摆臂和绘图底板等部件构成。整机由一个中马达驱动，如图7-32所示。

绘图机的传动原理，如图7-33所示。马达输出的转动被分解成三个路径，分别用于驱动两个绘图摆臂和转盘。转盘上安装绘图底板，与转盘同步转动。如果马达的初始转速为1，两个摆臂的转速为1/5，绘图底板的转速为1/216。

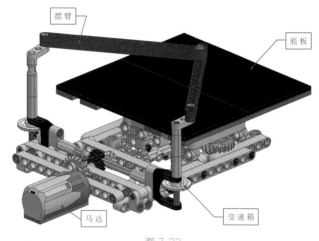

图 7-32

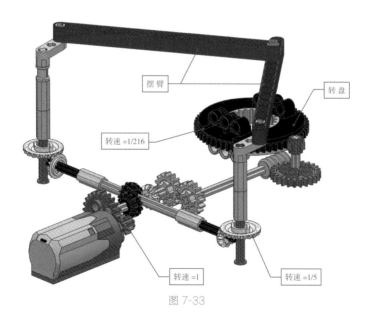

图 7-33

绘图机的绘图原理为，绘图底板以较慢的速度匀速旋转，摆臂以较快的速度做规律性的摆动，用纸和笔把二者的运动轨迹描绘出来，就形成了有规律的繁花图案。如图7-34所示为绘图机真实运行情况。

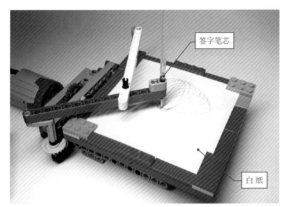

签字笔芯

白纸

图 7-34

绘制完成的一种繁花图案，如图 7-35 所示。

控制摆臂运动的变速箱有 4 种不同的齿轮组合，如图 7-36（a）～（d）所示。上方两个是减速系统，旋转方向相反。下方两个是等速系统，旋转方向相反。4 种方案中两种方案的任意组合，有 16 种不同的组合，每种组合所产生的繁花图案都是不同的。

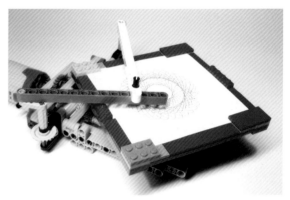

图 7-35

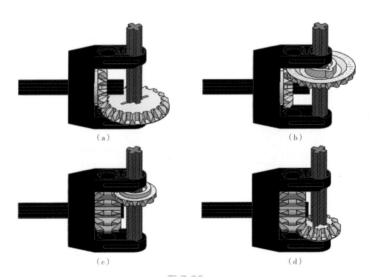

（a）　　　　　　　　　（b）

（c）　　　　　　　　　（d）

图 7-36

在变速箱组合相同的情况下，连接摆臂的两个曲柄的不同相位组合，也会产生不同的图案。由此可以产生的不同繁花图案达数百种之多。如图 7-37 所示为其中的两种情况。

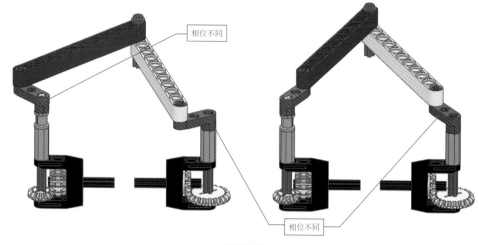

图 7-37

绘图机主要部件装配步骤，如图 7-38（a）~（d）所示。

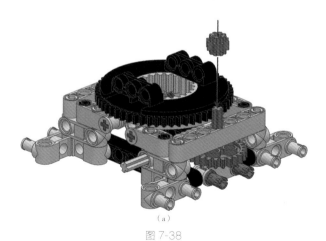

（a）

图 7-38

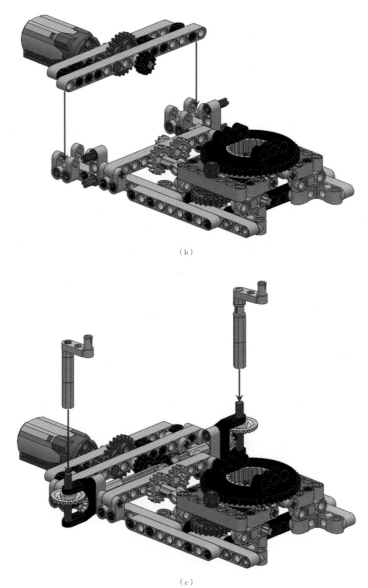

（b）

（c）

图 7-38（续）

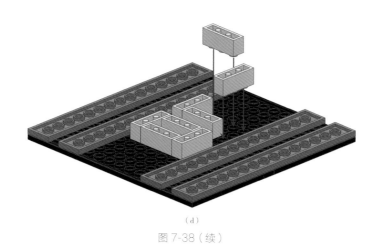

（d）

图 7-38（续）

#7- 齿轮球

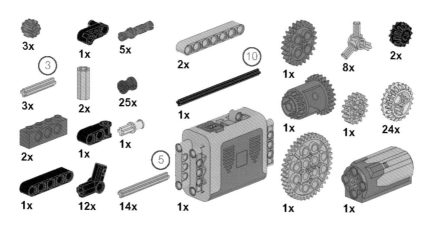

这款齿轮球的主体部分是一个由 24 个 20T 双面齿轮构成的球体，运行的时候，24 个齿轮会同步转动，同时球体也会自转。齿轮球主要由底座、马达、齿轮传动系统和球体部

分构成，如图 7-39 所示。

图 7-39

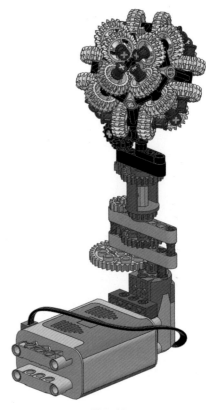

图 7-40

齿轮球另一个角度的结构，如图 7-40 所示，其底座部分其实就是一个 5 号电池箱。

球体的核心部分是一个正八面体的笼形框架，用于安装齿轮。由 8 个三叉轴连接器和 12 个 5 号角块（夹角 112.5°）构建而成，如图 7-41 所示。

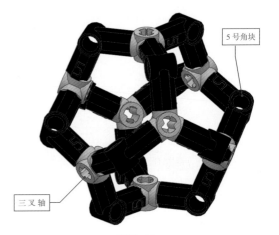

图 7-41

在 5 号角块销孔两侧安装 20T 双面齿轮，12 个角块共需要 24 个齿轮，形成一个由齿轮构建的球体，相邻的齿轮之间处于啮合状态，可以实现动力的传递，如图 7-42 所示。

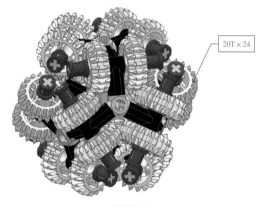

图 7-42

齿轮球的传动原理，如图 7-43 所示。马达输出的动力被传动系统分解成了两条传输路径。

一条路径如红色虚线所示，用于驱动球体上的 24 个齿轮同时转动。具体传输路径为：8T-40T+16T（共轴）- 差速器 -8T+12T（共轴）-12T，最终通过 12T 齿轮将动力传递给下方的一个 20T 齿轮。这条路径的转速比为 3/5。

另一条路径如绿色虚线所示，用于驱动齿轮球整体转动。具体传输路径为：8T-40T+8T（共轴）-24T。最终驱动球体的主轴，带动球体转动。这条路径的转速比

为 1/15。

由于两条传输路径最终输出的转速不同，因此可以产生相对运动。

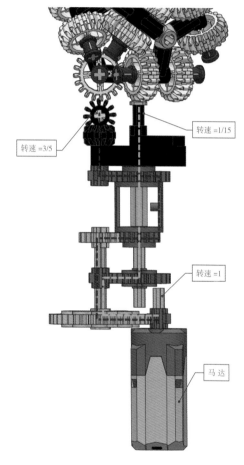

图 7-43

齿轮球主要部件装配步骤，如图 7-44（a）~（d）所示。

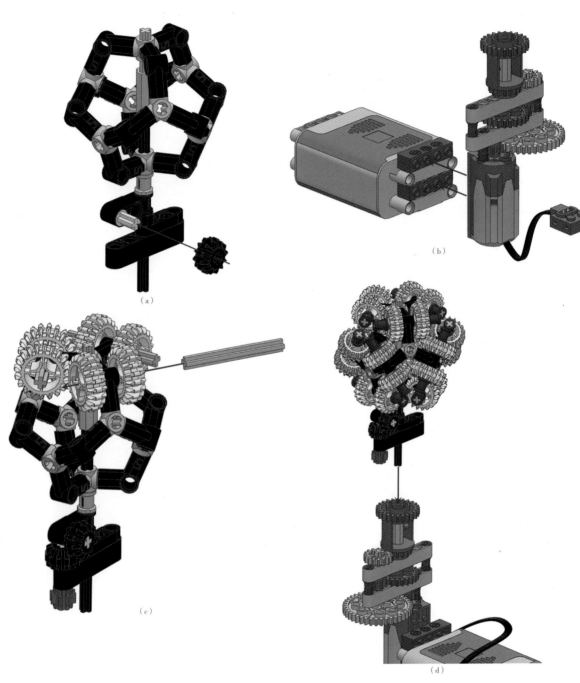

（a）

（b）

（c）

（d）

图 7-44

#8- 机械式自动避障机器人

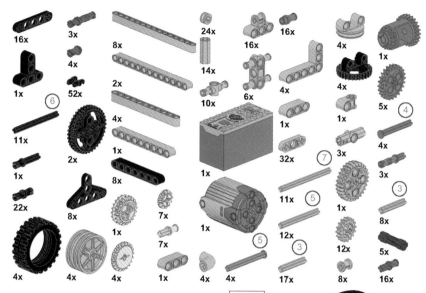

机械式自动避障机器人采用 4 个万向轮驱动，在边框遇到障碍物的时候，会自动切换前进方向，避开障碍。该机器人由边框、框架、万向轮和传动系统等部件构成，如图 7-45 所示。

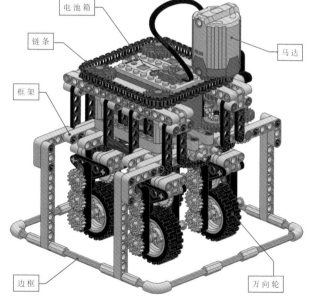

图 7-45

该机器人另一个角度的结构，如图 7-46 所示。

该机器人的万向轮机构，如图 7-47 所示。万向轮顶部与小转盘的黑色壳体相连，小转盘的灰色壳体与框架固定。相邻两个小转盘黑色壳体之间有一个 36T 齿轮，用于控制行进的方向。万向轮上方的传动轴，用于传递来自马达的动力，驱动轮子转动。

该机器人的传动原理，如图 7-48 所示。在没有遇到障碍物的情况下，4 个车轮在上方链条的驱动下同向转动。当遇到障碍车轮无法转动的时候，马达的动力将会通过差速器外壳传递到 4 个万向轮的黑色外壳，引起转盘外壳的转动，如图 7-48 中绿色线条所示。外壳转动带动万向轮同步变换方向，当变换到某个方向阻力消失，车轮可以转动的时候，将恢复车轮转动，机器人继续前行。

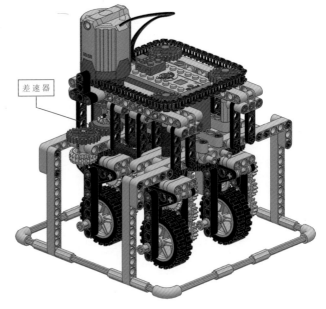

差速器

图 7-46

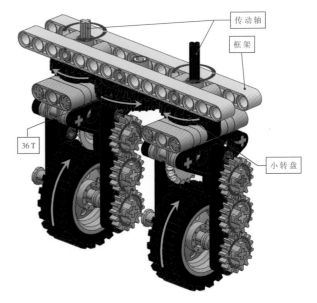

传动轴

框架

36 T

小转盘

图 7-47

图 7-48

机械式自动避障机器人主要部件搭建步骤，如图 7-49（a）~（d）所示。

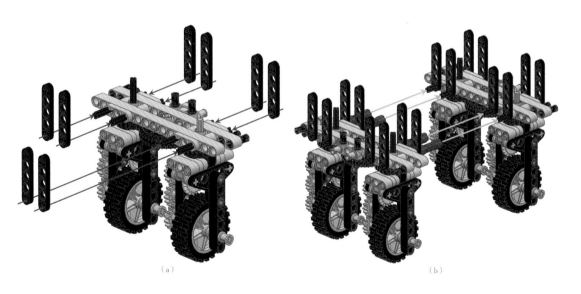

（a）

（b）

图 7-49

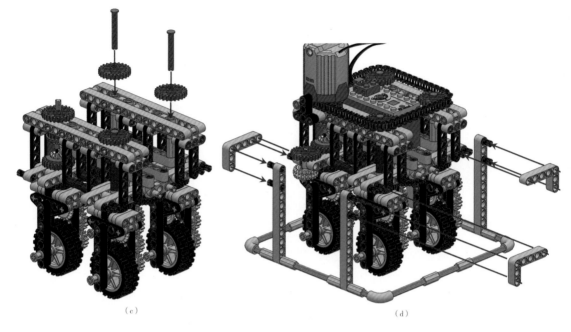

（c）

（d）

图 7-49（续）

#9- 机械式数字

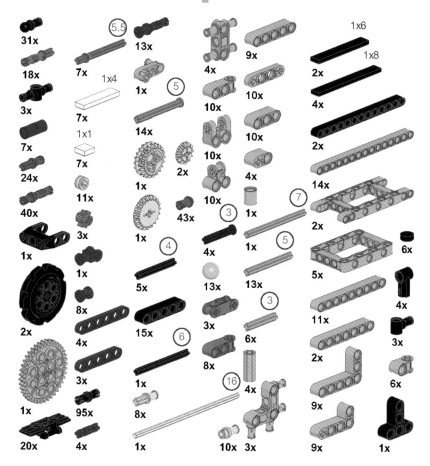

这款机械式数字采用"日"字形数字，手摇方式驱动，可以顺序变换出 0 ~ 9 十个阿拉伯数字，如图 7-50 所示。

从结构上划分，该作品由数字窗口、框架、编码滚筒、活塞系统和连杆系统等主要部件构成。"日"字形数字的每一个笔画，在后方连杆和活塞机构的驱动下都可以实现前后滑动，缩进窗口中的笔画从侧面无法看到，由此实现数字的显示效果。

运行时，逆时针（唯一方向）摇动手柄，后方的编码滚筒将逆时针（俯视方向）转动。前方的数字显示窗口将依次显示 0 ~ 9 十个数字。

机械式数字另一个角度的结构，如图 7-51 所示。

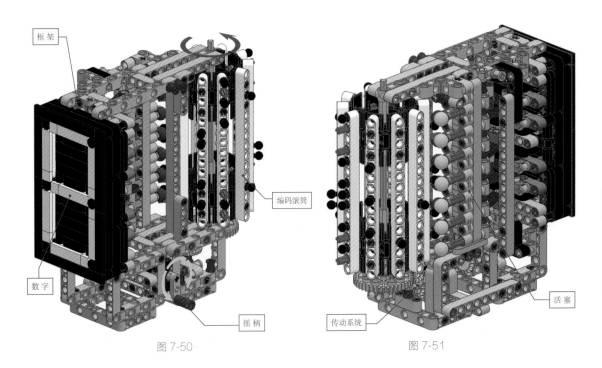

图 7-50

图 7-51

编码滚筒是该作品的核心部件,它是一种机械式的程序存储器。该滚筒上共存储了 10 组编码,使用球头销的不同位置排列来存储信息,如图 7-52 所示。

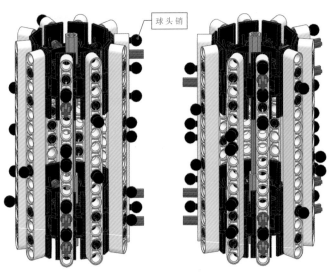

图 7-52

编码滚筒的传动原理，如图7-53所示。这是一套齿轮减速系统，转速比为13.9倍。

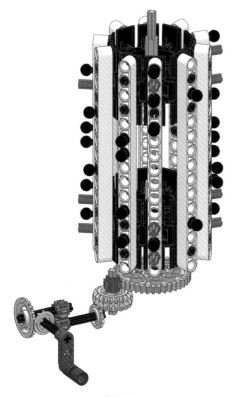

图 7-53

构成数字的每个笔画都由两根连杆驱动，一根负责向里牵拉笔画；另一根负责向外推出笔画。两根连杆由活塞系统驱动，其传动原理如图7-54所示。图中带有黄色球头的活塞用来牵拉笔画。带有红色球头的活塞用来推出笔画。这两组球头的推拉动作和顺序则是受到编码滚筒的控制。

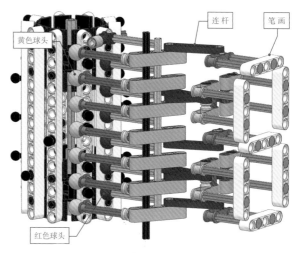

图 7-54

机械式数字主要部件搭建步骤，如图 7-55（a）~（d）所示。

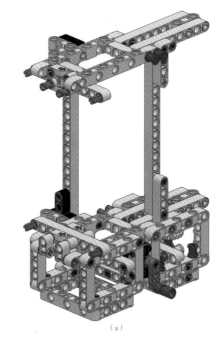

（a）

图 7-55

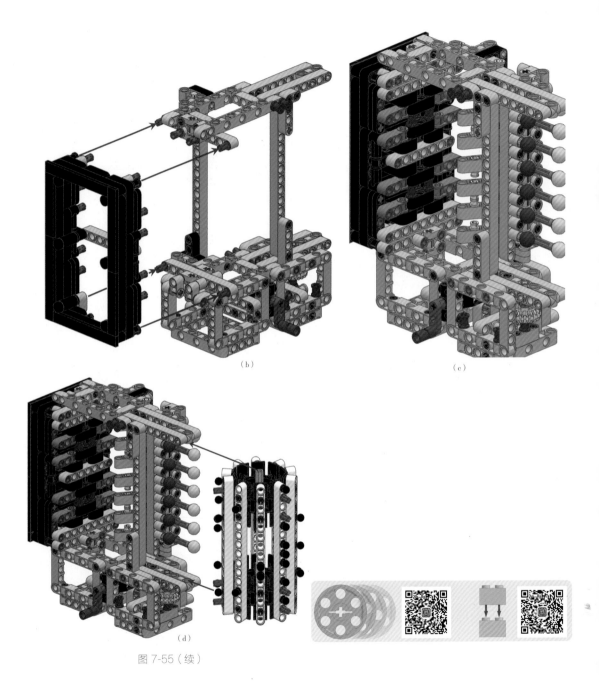

（b）

（c）

（d）

图 7-55（续）

#10- 大三针机械钟

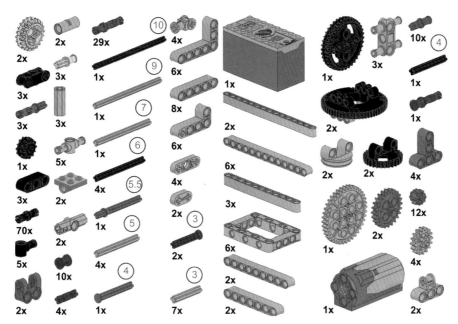

2x 2x 29x 4x

2x

3x 1x 6x

3x 1x 8x

3x 3x 1x 6x

1x 5x 6x

3x 4x 4x

70x 1x 2x

5x 2x 2x

2x 10x 4x 1x 7x

1x 3x 10x 4x

3x 1x 1x

2x 2x 2x

2x 2x 2x

2x 2x 12x

1x 2x 4x

1x 2x

该作品是一款同轴三针式机械钟，由框架、马达、电池箱、和齿轮传动系统等部件构成。三根指针同轴转动，它们之间的转速比与真实的钟表完全一致，如图 7-56 所示。

该作品另一个角度的结构，如图 7-57 所示。

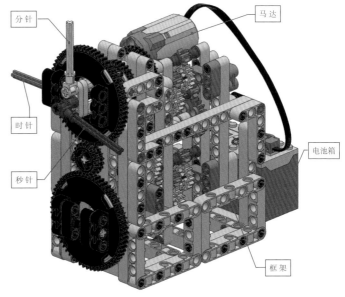

分针

马达

时针

电池箱

秒针

框架

图 7-56

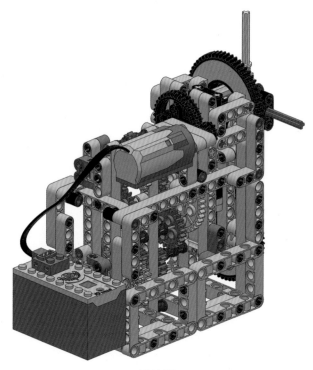

图 7-57

　　该作品的核心是一套齿轮传动系统，共使用了 27 个齿轮，可以实现三根指针之间的转速和旋向的正确配合。图 7-58 中的绿色线条为秒针的传动路径。

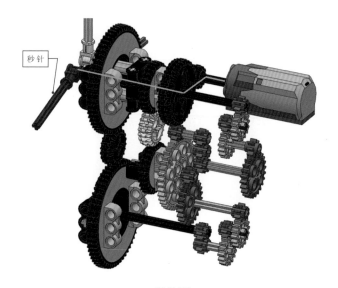

秒针

图 7-58

分针的传动路径如图 7-59 中的绿色线条所示。具体传输过程如下：

8T-16T（1/2）+8T-16T(1/2)+8T-24T(1/3)+8T-40T(1/5)

转速为秒针的 1/60。

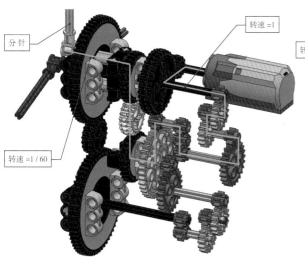

图 7-59

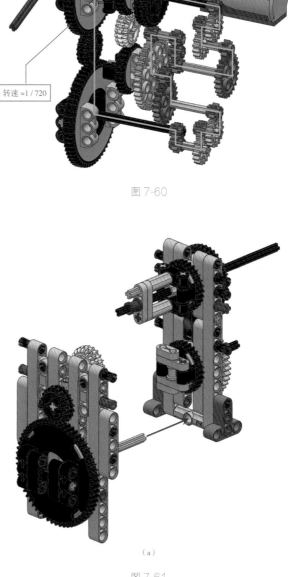

图 7-60

时针的传动路径如图 7-60 中绿色线条所示。最终的转速为秒针的 1/720。

机械钟主要部件装配步骤，如图 7-61（a）~（f）所示。

（a）

图 7-61

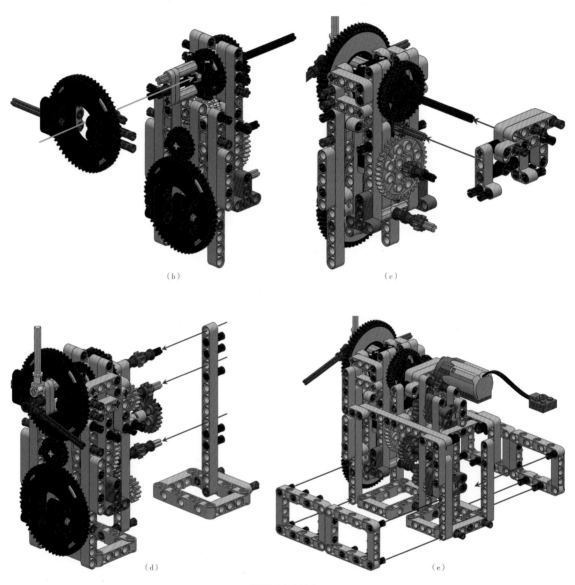

（b）

（c）

（d）

（e）

图 7-61（续）

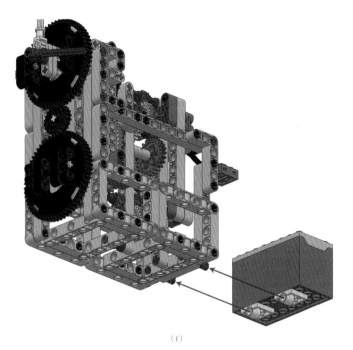

（f）

图 7-61（续）

零件总表

（数量代表搭建书中所有案例所需要的最少零件数，颜色不限）

缩略图	编号	数量	缩略图	编号	数量	缩略图	编号	数量
	32062	24		3737	5		10928	12
	4519	24		3708	4		6589	16
	3705	6		50451	4		32270	8
	32073	15		55013	4		94925	5
	3706	11		15462	5		32269	24
	44294	11		87083	13		32198	4
	3707	2		6587	4		3648	8

续表

缩略图	编号	数量	缩略图	编号	数量	缩略图	编号	数量
	60485	4		24316	4		32498	2
	3649	5		18947	3		32002	10
	4716	12		32187	2		4274	43
	6573	2		18948	3		6558	120
	6539	2		3650	1		32556	9
	6542	4		87407	1		32054	33
	6641	1		46372	1		11214	18
	18946	7		3673	14		18651	8
	76019	1		43093	24		2780	145

缩略图	编号	数量	缩略图	编号	数量	缩略图	编号	数量
	6562	12		41678	10		32015	12
	6590	25		10197	2		32014	12
	32123	14		27940	7		42003	10
	57585	18		87082	10		32184	12
	61903	4		32013	24		32039	12
	32557	6		32034	24		60483	3
	63869	16		32016	12		6536	19
	32291	10		32192	2		15100	11
	22961	4		32072	1		2905	12

续表

缩略图	编号	数量	缩略图	编号	数量	缩略图	编号	数量
	48989	12		41677	16		32006	1
	55615	8		6632	32		32056	4
	10288	1		32449	10		32250	4
	6538	2		32017	4		43857	1
	59443	24		11478	14		32523	10
	62462	7		32063	8		32316	24
	41669	5		32065	4		32524	15
	40490	16		60484	6		18654	5
	32525	10		14720	3		62531	4

缩略图	编号	数量	缩略图	编号	数量	缩略图	编号	数量
	41239	4		18942	1		32005	2
	32278	14		64179	12		15458	1
	32140	9		64178	4		4185	8
	32526	10		50163	1		2815	8
	32009	8		18938	8		92911	1
	6629	4		32126	8		99948	1
	6541	1		32018	4		3022	4
	3700	2		3703	4		3021	21
	32064	16		3024	6		3020	1

续表

缩略图	编号	数量	缩略图	编号	数量	缩略图	编号	数量
	3701	2		3023	23		3795	1
	3894	7		3623	3		3034	2
	3702	1		3710	4		2445	8
	2730	1		3666	1		91988	1
	3895	1		4477	1		3032	4
	3036	1		3039	6		2431	11
	41539	1		3660	6		6636	6
	90498	2		3794	14		4162	4
	3005	4		3003	6		3068	5

续表

缩略图	编号	数量	缩略图	编号	数量	缩略图	编号	数量
	3004	27		3002	33		87079	14
	3622	8		3001	6		85984	2
	3010	1		3070	7		3040	2
	6111	2		3069	2		47905	3
	4032	1		44809	4		56902	4
	50950	6		6553	3		30374	1
	2853	2		6575	2		87994	1
	32529	3		64781	2		18677	1
	32138	2		3743	2		32324	1

续表

缩略图	编号	数量	缩略图	编号	数量	缩略图	编号	数量
	3711	56		3873	52		95292	4
	88323	20		6233	2		47514	1
	12799	1		3942	2		88292	4
	64712	1		11953	4		85544	1
	6628	12		32125	2		56904	4
	2736	1		92693	4		56898	4
	60474	4		88516	2		32020	1
	2444	2		88517	2		32019	1
	24121	12		601948	4		6588	1

续表

缩略图	编号	数量	缩略图	编号	数量	缩略图	编号	数量
	33299	3		95650	1		95658	2
	99498	2		64228	1		99455	1
	58119	1		58120	2		58121	1
	48092	8		6141	2		71076	4
	87408	2		92907	2		42610	2
	35188	1		57519	2		50951	2